语言学研究新视界文库

教育部人文社科研究青年基金项目（09YJC740060）成果

面向自然语言处理的现代汉语词义基元结构研究

胡　惮◎著

中国出版集团

世界图书出版公司

广州·上海·西安·北京

图书在版编目（CIP）数据

面向自然语言处理的现代汉语词义基元结构研究 /
胡惮著 .—广州 : 世界图书出版广东有限公司 , 2014.9

　ISBN 978-7-5100-8588-8

　Ⅰ . ①面… 　Ⅱ . ①胡… 　Ⅲ . ①现代汉语—词义—
自然语言处理—研究 　Ⅳ . ① TP391

　中国版本图书馆 CIP 数据核字（2014）第 211706 号

面向自然语言处理的现代汉语词义基元结构研究

责任编辑　宋　焱
出版发行　世界图书出版广东有限公司
地　　址　广州市新港西路大江冲 25 号
http://www.gdst.com.cn
印　　刷　虎彩印艺股份有限公司
规　　格　710mm×1000mm　1/16
印　　张　12
字　　数　200 千
版　　次　2014 年 9 月第 1 版　2015 年 4 月第 2 次印刷
ISBN　978-7-5100-8588-8/H・0872
定　　价　36.00 元

目　　录

绪　　论

第一节　自然语言处理：人类知识处理的金钥匙

在人类语言学研究的漫漫历史长河中，自然语言处理的研究还只是一支十分年轻、十分活跃的支流。然而，其重要性和应用前景，已经跃居到了语言学各部门、各领域的前沿，潜移默化地改变着整个人类社会生产、生活的各个角落。

一、自然语言处理对人类社会的影响

语言能力是人类作为高等智慧生物区别于其他生物物种的独一无二的本质属性。语言是人类思维的工具，人类的多种智能也离不开语言。人类知识与文化的传播与传承主要是以语言为载体的。

人类对自己语言的观察和研究史，可以追溯到公元前 6—前 5 世纪。在纷繁的学科体系中，语言研究从来都不是孤立的。在语言学的各个历史发展阶段，学者们一直在不断尝试将语言学和其他学科结合起来进行研究。自 20 世纪中后叶计算机发明以来，将语言学这个最古老的学科与计算机科学这个最新兴的学科结合起来，研究能实现人与计算机之间用自然语言进行有效通信的各种理论和方法，又成为这两个学科都高度关注的研究新方向。这个领域的研究，被称为自然语言处理。

其实发明计算机的最初目的是为了实现复杂、海量的，人工难以完成的数

值计算。随着研究的深入和应用领域的拓展，这个目的已经远远不能满足实际的需要。科学家们不断进一步探索如何用计算机去模拟人脑的功能，乃至用机器部分实现或实现人类的智能。因此，它又被冠以一个响当当的名字——电脑。

当计算机的应用日益普及，不断渗透到人类社会的各个角落，协助甚至替代人类完成各种工作的时候，这必然会涉及人与机器之间的交互。因此，用自然语言与计算机进行通信，是人们长期以来孜孜以求的目标。要实现这一目标，我们必须解决两个方面的问题，即自然语言理解与自然语言生成。也就是说，要使计算机既能理解自然语言文本的意义，也能以自然语言文本来表达一定的思想意图。这两个方面，就是自然语言处理的主要内容。这也是人工智能研究的核心部分之一。

因此，几乎自计算机诞生之日起，人们就开始构想和尝试将其用于对人类自然语言的处理。这种尝试，是从机器翻译领域开始的。

其实机器翻译的思想与理论研究的历史由来已久。早在17世纪，法国哲学家、数学家笛卡尔和德国数学家莱布尼兹等就提出了使用机器字典克服语言障碍的设想。（巩茗珠，2009）当时这些设想只是停留在理论层面，没有研发出实际的机器。

20世纪30年代初，法国科学家阿尔楚尼（Georges Artsrouni）提出了用机器进行翻译的想法。他申请了一项"翻译机"发明专利，实际上是一个使用纸带的自动双语词典。1933年，苏联发明家特罗扬斯基（Peter Troyanskii）也设计了把一种语言翻译成另一种语言的机器，并在同年9月5日登记了他的发明。这项发明包括双语词典和一种根据世界语处理语法的方法。该系统被分为三个阶段：①由一位讲源语言的本族语编辑将要翻译的文字按照预先设定的逻辑形式和语法规则进行改编。②让机器将这些改编过的文字"翻译"成目标语言。③由讲目标语言的本族语编辑将机器翻译的结果加工润色使之符合目标语的表达习惯。但是，由于20世纪30年代技术水平还很低，这些翻译机器都没有真正制成。[1]

直到1946年世界上第一台电子计算机 ENIAC 诞生，机器翻译再度被提上议事日程。1947年，信息论的先驱、美国科学家 W.Weaver 和英国工程师 A.D.Booth

---

[1] 根据百度百科词条"机器翻译"（http://baike.baidu.com/view/21352.htm）及维基百科词条"History of machine translation"（http://en.wikipedia.org/wiki/History_of_machine_translation）编译。

在讨论电子计算机的应用范围时提出了利用计算机进行语言自动翻译的想法。后来，学界普遍把这一年认定为机器翻译的诞生之年。然而，Weaver 的设想在当时并没有得到普遍的认可，大多数人对此持怀疑态度，认为不同语言的词界限过于模糊，情感及跨语言方面的内涵过于广泛。这些质疑，并没有阻挡学界先驱探索前进的步伐。1949 年，Weaver 发表了机器翻译的备忘录，并提出了机器翻译的可计算性。1954 年，美国 Georgetown 大学与 IBM 公司合作实现了世界上第一个真正的机器翻译系统，迎来了机器翻译研究的高潮。（巩茗珠，2009）

半个多世纪过去了，在全球无数科学家和语言学家的共同努力下，机器翻译发展到今天已经得到了长足发展，在理论、技术与应用方面都取得了突破性的进展。虽然目前机器翻译系统仍然不可避免地存在着诸多问题，但这并不影响其欣欣向荣的发展势头。现在，机器翻译技术已经被广泛应用于国际交往和人们日常生活的各个层面，在全球一体化的背景下，为世界各国的政治、经济、文化、科技的交流做出了重要贡献。

除了机器翻译外，自然语言处理的其他应用领域还包括文字识别、语音识别、语音合成、人机对话、信息检索、文本分类、自动文摘、信息过滤、自动问答等等。从目前的理论和技术现状看，虽然通用的、高质量的自然语言处理系统仍然是人们较长期的努力目标，但是针对一定应用、具有相当自然语言处理能力的实用系统已经出现，有些已商品化，甚至开始产业化。典型的例子有多语种数据库和专家系统的自然语言接口、各种机器翻译系统、全信息检索系统、自动文摘系统等。

人类社会的发展史，也是一部知识海量增长的历史。尤其是近 1 个世纪内，人类知识呈几何级数递增。21 世纪以来，随着信息科学的发展和信息技术的迅速普及，人类社会全面进入大数据时代，知识信息已经达到了天文数量级。自然语言是人类知识的主要载体，数千年人类文明积累和传承下来的知识大部分是用自然语言来记载和表述的。在科学技术和文化发展日新月异的今天，每天如井喷般产生的大量新的知识，也主要是以自然语言来表达的。对这些知识和信息的获取、挖掘、加工、存储、传播和应用，仅仅依靠人力的处理已经远远无法胜任，必须借助于越来越高效的计算机技术。因此，自然语言的计算机处理正逐渐成为知识工程与知识管理的研究核心。可以毫不夸张地说，自然语言处理的效率已经成为了制约整个人类知识产业发展的瓶颈。

人们的日常生活，也越来越离不开自然语言处理技术。现在网络已经渗透到了我们生活里的方方面面，现代社会的正常运转已经完全离不开网络，生活在大数据时代的现代人，几乎都要与互联网打交道。中国互联网络信息中心 2014年 1 月发布的《第三十三次中国互联网络发展状况统计报告》表明[1]，截至 2013年 12 月，我国网民规模达到 6.18 亿，网页数量达到 1 500 亿，互联网普及率为45.8%。这些网络资源中的各种知识和信息，70% 以上是以自然语言为载体的。网民在使用互联网的过程中，都会或多或少地用到自然语言处理的研究成果，从这些浩如烟海的数据洪流中定位、挖掘、获取所需要的各种知识和信息。因此，自然语言处理技术也是影响互联网信息的有效传播和利用，乃至整个互联网事业良性发展的重要因素。

正是基于其重要的战略地位，世界各国都非常重视自然语言处理的相关研究，投入了大量的人力、物力和财力。自然语言处理研究的历史虽不很长，但目前已有的成果足以显示它的重要性和应用前景。在美、英、日、法等发达国家，自然语言处理不仅作为人工智能的核心课题来研究，而且也作为新一代计算机的核心课题来研究。对各类计算机应用系统而言，自然语言处理技术无不占据重要地位。专家系统、数据库、知识库、计算机辅助设计系统、计算机辅助教学系统、计算机辅助决策系统、办公室自动化管理系统、智能机器人等，无一不需要用自然语言做人—机界面。从长远的目标来看，将具有篇章理解能力的自然语言理解系统用于机器自动翻译、情报检索、自动标引、自动文摘等方面，必然具有十分广阔的应用领域和令人鼓舞的应用前景，给人类社会的发展带来革命性的飞跃。

二、人脑的语言思维与电脑的运算

美国计算机科学家 Bill Manaris（1999）曾经这样定义自然语言处理：自然语言处理是研究人际交际与人机交际中的语言问题的一门学科。它要研制表示语言能力（linguistic competence）和语言行为（linguistic performance）的模型，建

---

[1]　参见中国互联网络信息中心官网文件 http://www.cnnic.net.cn/hlwfzyj/hlwxzbg/hlwtjbg/201403/P020140305346585959798.pdf。

立计算框架来实现这样的语言模型，提出相应的方法来不断完善这些模型，并以此为依据设计各种实用系统，探讨这些实用系统的评测技术。

按照 Manaris 的定义，自然语言处理不但研究人与机器之间通过自然语言进行信息交互的语言问题，也研究人与人之间的语言交际问题。

然而，因为人脑和电脑的巨大差异，这导致它们对自然语言处理的策略并不完全相同。

早在 20 世纪 50 年代中期，现代计算机之父、著名匈牙利裔美籍数学家约·冯·诺依曼就对人脑的思维过程与电脑的运算进行了比较研究。他指出二者都是一种自动机。人脑是天然的自动机，电脑是人造的自动机。但是，人脑和电脑，无论在控制或逻辑结构上，都有巨大区别。他认为，虽然人脑的"逻辑深度"和"算术深度"都比计算机小得多，但有许多现代计算机所不能比拟的优越性。比如，同样容积的神经元比人造元件能完成更多的运算，能同时处理更多的信息，记忆容量也大得多，每个神经元件的准确度较低而其综合的可靠性较高等等。他还特别指出，人脑的语言绝不是数学语言。（诺依曼，1965）

让机器自动处理人的自然语言，一直是人类的科学梦想。早在计算机出现以前，英国数学家图灵（A.M.Turing）就预见到未来的计算机将会对自然语言研究提出新的问题。他在 1950 年发表的《机器能思维吗？》一文中指出："我们可以期待，总有一天机器会同人在一切的智能领域里竞争起来。但是，以哪一点作为竞争的出发点呢？这是一个很难决定的问题。许多人以为可以把下棋之类的极为抽象的活动作为最好的出发点，不过，我更倾向于支持另一种主张，这种主张认为，最好的出发点是制造出一种具有智能的、可用钱买到的机器，然后，教这种机器理解英语并且说英语。这个过程可以仿效小孩子说话的那种办法来进行。"图灵提出，检验计算机智能高低的最好办法是让计算机来讲英语和理解英语。他天才地预见到计算机和自然语言将会结下不解之缘。（冯志伟，2008）

半个多世纪以来，无数的语言学家、数学家、哲学家、逻辑学家、心理学家、计算机学家、人工智能学家等一直在朝着这个伟大的梦想艰难地跋涉前进，试图揭示人脑处理语言的机制并用电脑模拟这一过程。

然而，心理学和认知科学还远远没有明确揭示出人脑思维的奥秘。人脑对客观世界意义化与符号化的认知原理与操作过程、对知识之间关联路径与网络的构建算法、对模糊意义的处理策略等等问题，我们尚知之甚少。因此，在这样的前提下，我们要模拟人脑对自然语言的处理，显然困难重重。就目前的计算机技术与人工智能的发展水平而言，电脑与人脑在数据处理能力方面表现出来的差异是显而易见的：

（一）并行计算能力

我们知道，中央处理器（CPU）是电脑的核心部件，功能相当于人类的大脑。早期的计算机，一般只有一个运算引擎。随着技术的发展，这种结构越来越难以满足日益复杂的计算任务，多核处理器应运而生了。多核处理器就是指在一枚处理器中集成两个或多个完整的计算引擎（内核），让他们协同工作，进行并行计算，以实现同时处理多个不同的任务，从而提高计算效率。由于技术条件的限制，电脑的内核并不能无限制地增加。有技术专家断言："一味增加并行的处理单元是行不通的。并行计算机的发展历史表明，并行粒度超过 100 以后，程序就很难写，能做到 128 个以上的应用程序很少。CPU 到了 100 个核以上后，现在并行计算机系统遇到的问题，在CPU中一样会存在。如果解决不了主流应用并行化的问题，主流 CPU 发展到 100 个核就到头了。"[1] 而人脑则不同。针对不同的数据处理任务，比如颜色、形状、气味、温度、运动等等，人脑有相对独立的处理中心。也就是说，人脑中存在着成千上万个独立的计算引擎，可以协同处理并行计算任务。这就相当于一个超大型的、由无数的电脑组成的分布式计算集群。虽然电脑的单个 CPU 内核的运算速度远远大于人脑，但是电脑的内核数量及其并行计算能力与人脑有着天壤之别。所以，对单一的计算任务，比如数值计算而言，人脑远远不如电脑。但是对复杂的并行处理任务而言，比如对自然语言的语音、语形符号、语法、语义的综合协同处理，电脑则根本无法跟人脑相提并论。

（二）数据存取效率

虽然从理论上讲，人脑存储数据的能力是无限的，而电脑的容量受其存储器物理空间的制约，但是事实上电脑的存取效率远远大于人脑。对我们人类而言，要获取并记住某项知识，往往需要对大脑进行反复刺激。所谓"书读百遍，其义自见"，实际上就是一个反复存储的过程。能够"一目十行，过目不忘"的奇才，

---

[1]　百度百科：多核处理器，http://baike.baidu.com/view/2797908.htm。

也仅仅存在于传说之中。而且存储在人脑中的知识或信息，时间长了还会慢慢遗忘。而对电脑而言，只需要一次输入，即可永久保存，除非存储器损坏。在提取数据的时候也是如此。我们大部分人都有过这样的经验：某件非常熟悉的事情或者某个熟人的名字想不起来了；某件重要的事情发生的时间和地点想不起来了；某个重要的物件放在哪里想不起来了，如此等等。这些信息，其实并没有遗忘，也就是说并没有从大脑的记忆数据库中消失，也许慢慢想就想起来了，也许某天突然就记起来了。这些现象，都是因为从记忆库中提取数据的效率或数据存取机制出现了问题而导致的。对电脑而言，就不存在这样的现象。无论其记忆库中的数据量有多庞大，只要给定了检索条件，即可快速准确地提取所需数据。

（三）数据索引效率

无论人脑和电脑，都可以以数据库的形式存储信息。对数据进行定位检索、比较和排序是数据库最重要的基本运算形式。这样的工作对电脑而言是轻而易举的，而人脑在这方面的能力则显得捉襟见肘。比如，从大量文本中提取单词并计算词频、将数万词的词表按一定规则排列、从一个庞大的语料库中提取所有的动名组合、比较两个类似文本的差异等等，电脑都可以在一瞬间准确完成。而对人脑而言，这几乎是不可能的任务。

（四）逻辑容错能力

对于一个计算或自动化处理系统而言，容错能力是保证系统稳定性的重要指标。电脑运算是基于脉冲信号所携带的信息来完成的，如果失掉了一个脉冲，那么其结果必然是信息的意义完全被歪曲了，变得毫无意义。但是，在人脑的神经系统中，即使失掉了一个脉冲，甚至失掉了好几个脉冲，其结果也仅仅是与此有关的频率（即信息的意义）只是有一点畸变而已。在很多情况下，这种畸变并不会对主要信息的传递造成决定性的影响。而且人脑在运算的时候，碰到信号丢失导致信息不全的情况，还会根据已有的认知经验，从记忆数据库中存储的类似的认知图式提取对应的信息来填补，从而保证运算顺利完成。就这个方面而言，人脑的神经系统比电脑的数字系统具有更加优越的修改错误信息的逻辑容错能力。虽然在电脑的软硬件设计中也加入了很多容错的技术，但是其性能远远无法和人脑相比。比如对自然语言中的普遍存在的省略和零范畴现象，人很容易理解，对电脑而言就是一个难题。

（五）模式识别能力

在生理学、生物学、神经生理学、心理学、认知科学等学科领域，模式识别（pattern recognition）主要是研究生物体（包括人）是如何感知对象的，即生物体对外界环境的自然信息综合感知的机制与过程。在人类的生命活动中，模式识别是时刻都在使用的一种高级智能活动。例如：通过视觉、听觉、触觉等感官接受图像、文字、声音等各种自然信息去认识外界环境；将感性知识加工成理性知识的能力，即经过分析、推理、判断等思维过程而形成概念、建立方法和做出决策；经过教育、训练、学习不断提高认识与改造客观环境；对外界环境的变化和干扰做出适应性反应等等。（杨光正，2001）

在信息科学和人工智能领域，模式识别就是一个要用机器去完成人类智能中通过视觉、听觉、触觉等感官去识别外界环境的自然信息，对表征事物或现象的各种形式的（数值的、文字的和逻辑关系的）信息进行处理和分析，以对事物或现象进行描述、辨认、分类和解释的过程。

如上所述，人脑因为其强大的并行运算能力，在大多数情况下其模式识别能力远远优于电脑。电脑的模式识别是通过提取识别对象的一些关键的区别性特征并配合一定的算法来实现的，在某些需要大规模数据、比较特定的领域，比如指纹比对方面可能超过人脑。

对自然语言的识别和理解，也是一种模式识别。目前，电脑在语音识别、文字识别领域，技术已经较为成熟，甚至已经接近人脑。而在自然语言的其他层面，比如句法、语义的模式识别方面与人脑差距还很大。

（六）模糊运算能力

客观世界的大部分事物在其表象之下，都存在着其本身性质的内在不确定性。因此，对客观世界的认识需要强大的非精确、非线性的信息处理能力，这就是模糊运算能力。人脑天生就具有模糊处理能力。基于以模糊集理论为基础的模糊计算技术，电脑可以在一定程度上模拟人脑的非精确、非线性的信息处理能力，从而实现很多应用。

但是，在自然语言的模糊性处理方面，人脑具有得天独厚的优势。语言表达和理解都具有不同程度的模糊性。自然语言中的很多概念，比如"大小"、"高矮"、"胖瘦"、"好坏"等等都是模糊不定的。体重达到什么水准算"胖子"？头发掉了多少算"秃顶"？什么长相的人算"漂亮"？等等，这些问题，我们很难给出客观的的标准。对人脑而言，迅速评判这类对象并非难事，而且往往可以在大多数个体中达成共识。而对电脑而言则很难回答这些问题。

由于结构原理和工作方式的差异，导致人脑和电脑存在着的这些功能差异，尤其是在对自然语言处理方面的差异，要求我们在揭示和描写自然语言的内在规律的时候，面向人和面向电脑的描写，应该采用不同的策略，以分别适应二者的功能特点。

第二节　自然语言处理的路线之争：经验主义还是理性主义

正确认识事物的本质和规律是人类处理自身与客观世界关系的前提。认识论就是探讨人类认识的本质、结构，认识与客观实在的关系，认识的前提和基础，认识发生、发展的过程及其规律，认识的真理标准等问题的哲学学说。（张东荪，2011）经验主义（empiricism）与理性主义（rationalism）作为两种经典的认识论流派，对哲学与很多其他学科（包括自然语言处理）的发展产生了深远的影响。

一、哲学史上经验主义与理性主义思潮的论争

在欧洲哲学史上，经验主义与理性主义这两种重要的哲学思想论争了几百年，并且一直持续到今天。经验主义的主要代表人物有英国的弗兰西斯·培根、霍布斯、洛克、巴克莱和休谟等；理性主义的主要代表人物则包括笛卡尔、斯宾诺莎和莱布尼茨等。他们虽有分歧，但并非完全对立，而是在既对立又统一的矛盾中共同发展，构成了一段哲学史的丰富内容。整个 16—18 世纪的欧洲哲学史就是一部经验主义和理性主义哲学产生、发展和终结的历史，也是一部经验主义和理性主义既相互斗争又相互促进的矛盾发展史。（马云泽，1999）

二者分歧的核心思想主要体现在以下两个方面。

（一）关于知识的来源问题

经验主义始祖培根指出，认识的对象是自然界，关于自然界的一切知识都起源于感觉，感觉是经验的源泉，经验是知识的基础。他们认为，人的知识既不来源于神的启示或传统的权威，也不是与生俱来的理性公理或天赋观念，而是来源于感官经验。只有从经验归纳出的理性、原理才合乎真理，没有经验就不可能有知识。经验在所有人那里都是一样的，所以经验就是普遍性的知识。科学的知识通过经验的归纳、实验的分析而获得，归纳方法是获得科学知识的思想工具。发现真理的道路是从感觉与特殊事物中把公理引申出来，然后不断上升，最后达到普遍的公理。

理性主义哲学家则认为，既然感觉经验的知识是个别的、有限的知识，那么这种知识具有或然性，没有必然性。普遍性和必然性的知识是心灵所固有的，是天赋的观念，或者是理性自身具有将经验提升到普遍原理的能力。正是因为人具有这种超越感觉经验的理性能力，才使自身能够形成关于事物的普遍性和必然性的知识，而主体所具有的理性能力是天赋的。笛卡尔认为人心中的清楚明白的观念是天赋的，它在每个人心目中都是一样的，因此具有普遍性和必然性，具有科学的意义，知识的基础在于天赋的理性。

（二）关于感性认识与理性认识的关系问题

经验主义认为，凡在理智中的无一不存在于感觉之中，感性是唯一可靠的、真实的，而理性是不可靠的。理性现成地存在于感性之中。感性与理性上是量的差异，而不是质的差异。他们认为，理性活动即判断推理，不过是对感觉的变形，是感觉的加减乘除符号的运算，对简单观念进行加工就变成了复杂观念，感性的结合就达到了理性。所以从感性到理性不是质的飞跃，而是量的增加。经验派虽然也承认理性的作用，但认为理性不是能动的。因此，经验派没有找到由感性上升到理性的认识途径。

理性主义者则认为感性经验是不可靠的，这往往导致谬误，所以把感性视为意见，在获得真理性认识过程中必须排除感性的干扰。真理是从理性中得来的，理性是判断真理的标准，理性是清楚明白的、不可怀疑的。因此它不以感性为基础，理性有自己独立的来源。经验在认识中的作用只是刺激人的感官唤起理性的

回忆，理性活动是概念的演绎过程，而与感性无关。（马云泽，1999）

这两大哲学理论阵营之间的分歧和论争影响到人类知识领域的各个方面。

二、语言学研究中的经验主义与理性主义

语言学与哲学从古以来关系密不可分，在语言学发展为独立的学科之前，语言都是被包含在哲学里面，作为哲学的一个分支内容来研究的。由于语言学与认识论学说有着天然的密切联系，经验主义和理性主义之争在历史上对于语言学家研究语言问题有着深刻的影响。西方语言学研究在各个历史阶段的发展，无不体现了两种认识论的对立和统一。

早在公元前4世纪的古希腊时期，哲学家们就有过关于名称和事物关系的大争论。哲学家赫拉克利特持理性主义的"自然论"观点，认为词是大自然创造的。他的学生克拉底洛斯指出："每一个事物，大自然都赋予它一个专门的名字，就像把专门的知觉赋予每一个被感知的物体一样。"德谟克利特则持经验主义的"约定论"立场，他引用同音词、同义词、无名称事物和改名现象的存在事实证实名称是根据习惯而规定的，并非自然所赋。（陈勇，2003）

到中世纪时期，经院哲学对语言学产生了重大影响，哲学家们也进行了大量的语言学研究。这一时期经验主义与理性主义的对立主要表现在莫迪斯学派（Modiste）与古代文献、普利西安语法的争论。（岑麒祥，2008：307）莫迪斯学派提出的思辨语法（speculative grammars）在这一时期占有主导地位。思辨语法遵循理性主义传统，认为自然界和语言结构都有自己的规律和系统，都是由有限的单位按有限的规则组成的，强调理解方式在本质上的统一性。从理解方式又发展出语法结构的表意方式。在此基础上，莫迪斯学派学者们根据拉丁语的语法规则和范畴提出了普遍语法的概念。此外，在例证的选择上也呈现出与普利西安语法（经验主义）不同的理性主义倾向，如以程式化的形式编造自己的例句，不考虑实际的言语和适用的情境。（罗宾斯，1997：104）

中世纪语言问题的经验主义研究其贡献主要集中在对词项语义，特别是对词项指代特性和指代规则的研究上。（陈勇，2003）经院哲学史上最后一位伟大的哲学家奥坎提出的逻辑语义学研究在语义研究史上占有重要的地位。奥坎严格

区分了符号、含义和词项三个要素或层次，这里的词项相当于现代语义学中的词，奥坎提到的词则纯粹指的是符号。相当于现代语义学中的字，词项的语义由符号承载；同时，他引用"意念"一词在较大范围内代替概念、共相的说法，意念较概念而言更广泛地包含人们对事物的认识，奥坎进而将意念规定为词项的内容，即语义。（周建设，1996：48、49）此外，奥坎将有意义的言语分为三类：书写的、口头的和心理的。书面言语从属于口头言语，两者都能通过视听渠道为公众接收，故为约定性的，而心理言语则是自然性的，不可直接传达。言语声音的意义约定性来自从属于自然的有意义的心理声音——概念。（李幼蒸，1999：74）

进入到文艺复兴时期，语法研究仍是语言研究的重点，其研究风格上大致可以分为两个方向：经验语法与唯理语法。自文艺复兴运动开始，活语言的地位日益提升，拉丁语研究的必要性和重要性日益下降。在经验主义认识论的推动下，陆续诞生了大批研究本国语言的经验语法著作，如《德语语法》、《匈牙利语语法》等。同时，受到唯理思潮的影响，这一时期还产生了一批唯理语法著作，重点研究语言表面现象掩盖下的普遍规则。其中最具代表性的当属波尔—罗瓦雅尔唯理论语法学派，其代表作为《普遍唯理语法》。波尔—罗瓦雅尔学派认为，"人类的理性和思维规律是一致的，而语言的结构是由理性决定的，因而所有语言的结构规律本质上应是相同的"（徐志民，2006：39）。因此，这一学派努力研究隐藏在不同语言语法背后的东西，希望建立起适用于所有语言的一般原理。（于守刚，2012）

18世纪末19世纪初是欧洲学术史上一个百花齐放的学术繁荣期，各门类的自然科学和人文科学都得到了充分的发展。语言学在这个时期终于从哲学和神学中脱离出来，发展成了一门独立的学科，进入历史比较语言学时期。（曾如刚，2012）历史比较语言学研究注重语料的收集和对比分析，将理论分析建立在充分的语言材料的基础之上，带有明显的经验主义的特点。受康德"二元论"哲学思想的影响，这一时期的语言学家们兼收并蓄，经验主义和理性主义兼而有之，其典型代表是德国著名语言学家洪堡特（Wilhelm von Humboldt）。一方面，洪堡特继承18世纪普遍语法理论，强调每个语言使用者头脑中与生俱来的语言创造能力，偏重对人类语言进行综合研究，探讨人类语言的普遍性质和共同规律，因此语言和思维的关系问题是语言研究的一个重点。他认为，语言是思维的组成部分，它必须处于任何真正的认识论的中心。另一方面，他在深谙印欧语及多种语言并掌握大量语言材料的基础上，强调语言之间的差异性，认为民族语言的结构表现出一个民族的智力水平，有的语言会比别的语言发达得多。个人在认识世界时受语言的支配。（涂纪亮 1994：2-8）

19 世纪末到 20 世纪早期，现代西方哲学进入语言哲学阶段，分化出人工语言学派和日常语言学派。人工语言学派（又称符号语言学派），以弗雷格（Gottlob Frege）、罗素（Bertrand Russell）和前期的维特根斯坦（L.Wittgenstein）为代表，他们认为传统哲学和各门科学中使用的语言，乃至推广到人们日常使用的一切语言总是含混不清的，语言意义的混乱是一切哲学争论和错误的根源。（周建设，1996：56）因此，哲学的任务在于对自然语言进行人工分析，并设想用人工语言来取代各门科学中的日常语言，通过以一定的逻辑规则为基础的组合运算系统来消除语言中的模糊因素。他们尝试对自然语言进行数理逻辑分析，创建命题演算系统和谓词演算系统，提出了语境概念、含义和指称理论、摹状词理论、语言图画说等，体现了鲜明的理性主义思想。日常语言学派以后期维特根斯坦、摩尔（G. Moore）、奥斯汀（J. Austin）和塞尔（J. Srarle）为代表，遵循经验主义的思路，认为语言运用中的错误根源在于人们不了解词语的确切含义，没有正确使用日常语言，哲学的任务就是研究和明确日常语言的用法。与人工语言研究采用的分析和解释方法不同，日常语言的研究方法是描述。（陈勇，2003）

20 世纪后半叶，语言学研究分成基于经验主义的结构主义语言学和基于理性主义的转换生成语法两大阵营。在经历了 19 世纪的历史比较语言学之后，结构主义语言学作为比较语言学的对立面而产生。在索绪尔的影响下，结构主义语言学分为三派：布拉格学派、哥本哈根学派以及美国学派，主要代表人物有索绪尔（Ferdinand de Saussure）、萨丕尔（Edward Sapir）、特鲁别茨柯伊（Н.С.Трубецкой）、布龙菲尔德（Leonard Bloomfield）、弗斯（John Rupert Firth）、雅格布森（Р.Якобсон）。尽管这些这些语言学派对待形式和意义、系统和结构、共时和历时描写的关系等问题所持观点不尽相同，有时甚至相反，但是他们其实都是在可观察的语言事实基础上对语言的结构形式进行描写分析，所以反映的哲学思想基础还是经验主义的认识论。（于守刚，2012；曾如刚，2012）这一时期经验主义的传统受结构主义影响或被与结构主义相关的语言理论所继承，这其中有侧重形式研究的层次语法、法位学、依存语法，也有侧重功能研究的系统语法、美国西部功能学派、荷兰功能主义学派、苏联语义功能主义学派等。（王铭玉，1999：8）而在同一时期，乔姆斯基（Avram Noam Chomsky）坚持对科学做理性主义解释，提出转换生成语法理论。他认为人脑天生具有语言习得机制，而不是一张白纸。基于对普遍语法的认识，转换生成语法确定的目标在于：①精确地描写人类的语言能力，使语言理论具有解释力。②提出语言习得的一般性原理，通过语言研究去揭示人的认知能力和人类的本质。（俞如珍、金顺德，1994：174）乔姆斯基对布龙菲尔德科学观的经验主义色彩进行猛烈的批评，否定描写结构主义广泛使用的归纳法，继承和借鉴唯理论的传统，把演绎法作为基本研究手段，并利用内省的方法，构筑了一系列规则系统和原则系统，从而开创了转换生成语法占据统治地位的局面。（陈勇，2003）历经经典理论、标准理论和扩充式标准理论三个主要阶段的转换，生成语法仍有很多自身无法解决的问题，这也给随后一系列语法流派的产生提供了可能。生成语义学、格语法、关系语法、蒙塔鸠语法、对弧语法、词汇—功能语法、广义短语结构语法相继出现。（戚雨村，1997：10-13）这些语法理论与转换生成语法一起，构成了 20 世纪语言学研究的理性主义主调。（陈勇，2003）

跟哲学发展的历史一样，语言学的整个发展史，也是一部经验主义和理性主义的论争史。这两种各具特色、各有优势的哲学思潮互相影响、互相渗透，推动着语言研究的各个流派共同发展、曲折前进。

经验主义语言学派和理性主义学派只是就其理论倾向而论的，并不表示两者在任何问题上都针锋相对。事实上，自 20 世纪中期以来，理性主义和经验主义在语言学研究中的并存和融合现象日趋明显。例如，荷兰 Nijmegen 大学 J.Aarts 团队试图通过对语料的量化分析，对仅凭语感而得出的语法规则进行检验或修订以便更精确地描写语法规则。他们首先根据语言学家的内省及现有的语法描述设计了一套形式语法，将该语法装入计算机分析器在语料库中运行，以检验该语法对语料库数据的解释程度，然后根据所得语料分析结果、修订语法。他们认为，这种研究方法可以探查出唯理语法能够在多大程度上解释语料库数据以及要完全解释这些数据需对其做多少修订。（丁喜善，1998：10）这种将经验主义和理性主义相结合的研究方法带给当代语言学研究者很多启迪，尤其是对自然语言处理具有重要的指导意义。

三、自然语言处理技术的路线博弈

自然语言处理自诞生以来，在研究方法上一直存在着"基于规则"（rule-based approach）和"基于统计"（statistic-based approach）的两种技术路线的讨论，并且持续至今。基于规则的方法是先依据某种语言理论建立语言模型，再从语言模型构造规则系统；基于统计的方法则通过调查和分析大规模语料，用统计学的方法处理自然语言。这两种路线，实际上就是理性主义和经验主义的认识论在该研究领域的体现。

早期的自然语言处理，是从经验主义方法起步的，当前在语音识别、词性自动标注、音字转换、概率文法等各个自然语言处理应用领域得到广泛应用的通用统计工具——马尔可夫模型（Markov Model）就是其典型代表。该模型于 1913 年由前苏联数学家安德雷·安德耶维齐·马尔可夫（Андрей Андреевич Марков）提出来。马尔可夫使用手工查频的方法，统计了普希金长诗《欧根·奥涅金》中的元音和辅音的出现频度，提出马尔可夫随机过程理论，建立了该模型。他的研究是建立在对于俄语的元音和辅音的统计数据的基础之上的，采用的方法主要是基于统计的经验主义的方法。虽然马尔可夫模型诞生的年代电脑还没有发明出来，但这并不妨碍它对当今自然语言处理的深远影响。

美国著名数学家、信息论的创始人克劳德·艾尔伍德·香农（Claude Elwood Shannon）进一步把离散马尔可夫过程的概率模型应用于描述语言的自动机。香农还将热力学的术语"熵"（entropy）引入到信息论和数字通信中，提出了信息熵的概念，作为测量信道的信息能力或者语言的信息量的一种方法。热力学中的熵可以理解为分子运动的混乱度。信息熵也可以类似理解为信息的不确定性。香农用手工方法统计了英语字母的概率，然后使用概率技术首次测定了英语字母的熵为 4.03 比特。我国著名的语言学家冯志伟先生也用类似的方法测得汉字的熵为 9.65 比特。信息熵大，意味着不确定性也大。（徐先蓬，2013）香农的方法也是基于统计的，有着鲜明的经验主义色彩。

20 世纪 50 年代中期，随着乔姆斯基生成语言学理论的提出，语言信息处理的哲学思想发生了重大转向，基于规则的理性主义方法声名鹊起。乔姆斯基根据数学中的公理化方法来研究自然语言，采用代数和集合论把形式语言定义为符号的序列，从形式描述的高度，分别建立了有限状态文法、上下文无关文法、上下文有关文法和0型文法的数学模型。这些早期的研究工作产生了"形式语言理论"（Formal Language Theory）这个新的研究领域，为自然语言和形式语言找到了一种统一的数学描述理论，形式语言理论也成为了计算机科学中最重要的理论基石。乔姆斯基高举理性主义大旗，完全排斥经验主义的统计方法。转换生成语法对于自然语言的形式化描述方法，为计算机处理自然语言提供了有力的武器，大力推动了自然语言处理的研究和发展。目前，在基于规则的方法的基础上发展起来的自然语言处理技术有很多，包括：有限状态转移网络（Finite State Transition Network）、有限状态转录机（Finite State Transition Transducer）、递归转移网络（Recursive Transition Network）、扩充转移网络（Augmented Transition Network）、短语结构语法（Phrase Structure Grammar）、自底向上剖析（Bottom-Up Parsing）、自顶向下剖析（Top-Down Parsing）、左角分析法（Left-Corner Analysis）、Eadey算法（Eadey Algorithm）、CYK算法（Cocke-Younger-Kasami Algorithm）、富田算法（Tomita Algorithm）、复杂特征分析法（Complex Feature Analysis）、合一运算（Unification Calculus）、依存语法（Dependency Grammar）、概念依存理论（Conceptual Dependency Theory）、蒙塔鸠语法（Montague Grammar）、一阶谓词演算（FirstOrder Predicate Calculus）、语义网络（Semantic Network）、框架网络（FrameNet）等。（冯志伟，2007）

到了20世纪50年代末至20世纪60年代中期，自然语言处理中的经验主义也逐渐兴盛起来，注重语言事实的传统重新抬头，学者们普遍认为：语言学的研究必须以语言事实作为根据，必须详尽地、大量地占有材料，才有可能在理论上得出比较可靠的结论。基于统计的方法使用概率或随机的方法来研究语言，建立语言的概率模型。这种方法表现出强大的后劲，特别是在语言知识不完全的一些应用领域中，基于统计的方法表现得很出色。基于统计的方法最早在文字识别领域取得很大的成功，后来在语音合成和语音识别中大显身手，接着又扩充到自然语言处理的其他应用领域。在基于统计的方法的基础上发展起来的技术包括：噪声信道模型（Noisy Channel Model）、最小编辑距离算法（Minimum Edit

Distance Algorithm）、加权自动机（Weighted Automata）、支持向量机（Support Vector Machine）、Viterbi 算法（Viterbi Algorithm）、A* 解码算法（A*Decoding Algorithm）、隐马尔可夫模型（Hidden Markov Model）、概率上下文无关语法（Probabilistic Context-Free Grammar）、统计机器翻译模型（Statistical Machine Translation Model）等。

从 20 世纪 60 年代一直到 20 世纪 80 年代，自然语言处理领域的主流方法仍然是基于规则的理性主义方法，经验主义方法并没有受到重视。在随后的 10 年间，学者们对于过去的研究历史进行了反思，发现过去被忽视的有限状态模型和经验主义方法仍然有其合理的内核。研究的路子因而又回到了 20 世纪 50 年代末期到 20 世纪 60 年代初期几乎被否定的有限状态模型和经验主义方法，出现了所谓"重返经验主义"的倾向。自 20 世纪 90 年代至今，自然语言处理的研究空前繁荣。概率和数据驱动的方法几乎成为了自然语言处理的标准方法。句法剖析、词类标注、参照消解和话语处理的算法全都开始引入概率，并且采用从语音识别和信息检索中借过来的评测方法。理性主义君临天下的局面已经被打破了，基于统计的经验主义方法逐渐成为自然语言处理研究的主流。（冯志伟，2007）

在自然语言处理短暂的发展历史中，理性主义与经验主义此消彼长。其实，这两种思路各有利弊，二者应该结合起来，取长补短，互为补充。经验主义指导下的自然语言处理在人类的知识挖掘上可能无限接近知识的本质，但如果没有理性主义的思考，也难以达到目标。因而可以预测，在经验主义指导下的自然语言处理挖掘出更多的语言事实并揭示了人类语言的本质后，当理性主义克服了人类本身身心认知的限制后，理性主义终将回到前台，那时无论是语言的本体研究还是自然语言处理的知识挖掘必将实现实质性的转换，从而掀开人类理解自身的新篇章。（姜兆梓，2012）

本章参考文献：

[1]B.Manaris.Natural Language Processing in the Viewof Man-machine Interchange[J]. Advancesin Computer, 1999(47).

[2] 岑麒祥. 语言学史概要 [M]. 北京：世界图书出版公司，2008.

[3] 曾如刚. 西方语言学发展史中的哲学思潮 [J]. 外国语文，2012，28（6）.

[4] 陈勇. 论经验主义和理性主义之争——关于西方语言学研究中的认识论 [J]. 外语学刊，2003（3）.

[5] 丁喜善. 语料库语言学的发展及研究现状 [J]. 当代语言学，1998（1）.

[6] 冯志伟. 自然语言处理的历史与现状 [J]. 中国外语，2008，5（1）.

[7] 冯志伟. 自然语言处理中理性主义和经验主义的利弊得失 [J]. 长江学术，2007（2）.

[8] 巩茗珠. 浅议机器翻译的发展历史及前景展望 [J]. 吉林省教育学院学报，2009，25（7）.

[9] 姜兆梓. 哲学视阈中自然语言处理及发展 [J]. 北方论丛，2012（3）.

[10] 李幼蒸. 理论符号学导论 [M]. 北京：社会科学文献出版社，1999.

[11] 罗宾斯. 简明语言学史 [M]. 北京：中国社会科学出版社，1997.

[12] 马云泽. 欧洲哲学史上的经验主义和理性主义 [J]. 南通师范学院学报（哲学社会科学版），1999，15（4）.

[13] 戚雨村. 现代语言学的特点和发展趋势 [M]. 上海外语教育出版社，1997.

[14] 涂纪亮. 现代欧洲大陆语言哲学 [M]. 中国社会科学出版社，1994.

[15] 王铭玉. 二十一世纪语言学发展的八大趋势 [J]. 解放军外国语学院学报，1999（4-6）.

[16] 王秋萍. 中外古近代语言研究历史比较 [J]. 绥化学院学报，2007，27（5）：159-162.

[17] 徐先蓬. 汉语的熵及其在语言本体研究中的应用 [D]. 山东大学，2013.

[18] 徐志民. 欧美语言学简史 [M]. 上海：学林出版社，2006.

[19] 杨光正. 吴岷等. 模式识别 [M]. 合肥：中国科学技术大学出版社，2001.

[20] 于守刚. 浅析西方语言学史中两种认识论的对立和统一 [J]. 黑龙江教育学院学报，2012，31（3）.

[21] 俞如珍，金顺德. 当代西方语法理论 [M]. 上海：上海外语教育出版社，1994.

[22][美] 约·冯·诺意曼 [1]. 计算机与人脑 [M]. 甘子玉，译 . 北京：商务印书馆，1965.

[23] 张东荪 . 认识论 [M]. 北京：商务印书馆，2011.

[24] 周建设 . 西方逻辑语义研究 [M]. 武汉：武汉大学出版社，1996.

---

[1]　现在普遍的译法是约·冯·诺依曼，是学界普遍接受的。可是他的这本著作是 20 世纪 50 年代译过来的，当时译成约·冯·诺意曼。所以，在正文中著者用的是诺依曼，此处用的是诺意曼。

第一章　面向自然语言处理的词汇语义知识库

　　自然语言处理是一门融合多个学科的交叉科学，以语言学、计算机科学、数学为基础，同时还跟哲学、心理学、逻辑学密不可分，其研究进展跟这些学科的发展水平都密切相关。自然语言处理的最理想的目标是实现机器对自然语言的无障碍理解和生成，这其中的关键问题之一就是对自然语言本身规则的揭示和语言知识的有效表达。就目前的研究现状而言，语言信息处理要想真正取得实质性的突破，瓶颈还在于语言问题本身。相对于日新月异的计算机技术而言，语言学的研究还远远落后于语言计算的实际需求。虽然数千年以来人类积累的语言学知识与研究成果早已汗牛充栋，但是，因为研究的目标取向不同，这些成果固然对自然语言处理有一定的借鉴作用，然而绝大部分并不能直接为计算所用。因此，加强面向计算处理的语言学研究，探索符合机器使用习惯的语言规则表达范式，尽快将我们已有的宝贵的语言学财富转化为机器计算可用的知识库，是全世界语言学界所面临的迫在眉睫的问题。

　　机器要理解语言，首先需要对承载语言知识的文本进行分析。自然语言处理中的语言分析技术，大致分为两个层面：浅层分析（shallow parsing）和深层分析（deep parsing）。浅层分析包括对文本的一些简单的处理如分词、词性标注等，以及更进一步的浅层句法分析和浅层语义分析。浅层句法分析也叫部分分析（partial parsing）或语块分析（chunk parsing），它不要求得到完全的句法分析树，它只要求识别其中的某些结构相对简单的成分，如非递归的名词短语、动词短语等。浅层语义分析是对深层语义分析的一种简化，它只标注与句子中谓词有关的成分的语义角色，如施事、受事、时间和地点等。深层分析也叫完全分析（full parsing），相对的，它要求通过一系列分析过程，最终得到句子的完整的句法语义树，从而实现对句子的语义甚至语用的完整理解。[1]

要实现机器对自然语言的自动分析，无论是浅层的还是深层的，首先需要让机器具备一定的语言知识。机器获得语言知识的途径有两种：①用统计的方法，通过机器学习技术，从带人工标注的语料训练中得到语言知识。②直接从人工构造的语言知识库中获取。

因此，作为自然语言处理的基础资源，各种语言知识库，包括词汇语义知识库的建设尤为关键。

第一节　自然语言处理中的词汇主义倾向

构建语言知识库其实就是对语言知识进行重新整理、挖掘、形式化和规范化等工作，主要通过人工发现的方法，对原始语言材料进行多种标注，使文本背后隐藏的语言知识显性化，以方便计算机获取。虽然对这些隐性语言知识的发现和归纳是建立在语言事实的基础上，离不开经验主义的方法，但是，对语言规则的归纳、抽象、描写和形式化表达，更需要理性的思考。

在绪论中，我们已经讨论过，经验主义和理性主义在自然语言处理中一直此消彼长，互相促进、曲折前进。当前，基于统计的方法迅速发展，取得了一系列累累硕果，逐渐成为主流。统计自然语言处理的理论也不断完善，逐渐形成了科学的体系，在各个领域得到广泛的发展，产生了良好的社会和经济效益。但是，这并不意味着理性主义就失去了市场。相反，基于历史的经验和教训，越来越多的学者意识到单靠任何一种方法都不能包打天下。只有将二者有机结合起来，充分发挥其各自的优势，取长补短，才能最终实现自然语言处理的宏伟目标。因而，不同学科、不同理论流派和不同技术路线学者，经过长期艰难的碰撞与磨合，不断加强沟通与合作，原来争鸣的各方从对立逐渐走向互相理解，不同理论和流派的思想在争鸣中互相渗透，趋于融合。近年来逐渐兴起的词汇主义理论和方法就

---

[1]　目前，语言分析技术所取得的成果主要在浅层分析方面。自然语言的深层处理至今尚无十分成功的先例。

是这种学术融合的产物。

其实，无论是基于统计的还是基于规则的方法，其本质都是对语言知识的深度挖掘和自动获取，二者虽然方法不同，但是殊途同归。在统计自然语言处理中，如果机器学习的过程中能够预先提供给机器一定的先验的语言知识，会比单纯的统计优越得多。陆俭明（2006a）曾经指出："要让计算机处理理解和生成自然语言的句子的意思，需要两方面的语言知识：一是范畴（category）知识，二是规则（rule）知识。范畴知识有句法的，有语义的；句法的如主语、谓语、宾语、定语以及名词、动词、形容词等，语义的如施事、受事、工具以及数量、领属、自主、位移等。范畴用来刻画语言对象的一个或一组特征。规则用来表述范畴间的关系。一个范畴可能刻画为几个特征，一个特征也可能用来刻画多个范畴。所有规则都是建立在已知的，或者更确切点说是假设的范畴的基础上。而语言学家所要做的，正是去寻找正确的和好的联系。范畴知识一般用词库（机器可读词典 MRD）来负载，规则知识则由所谓规则库（规则的集合）来承担。"很多学者的实验和实践已经证明，经过改进的、含有先验知识的统计模型，其效率和效果会得到很好的提升。现在，获取先验知识的主要途径是通过机器词典和规则化、形式化了的语言学理论知识库。将这二者结合起来，在词汇主义思想的指导下，建立以词汇为纲、以附加于词汇上的各种语言知识为目的大规模词汇语义知识库，正是当前解决机器获取先验语言知识的最佳途径。

词汇主义（lexicalism）的思想最早来源于英国的语言学家 Richard Hudson 所创立的词项语法（word grammar）。Hudson 很早就从认知科学的角度开始探讨"泛词汇主义"（panlexicalism）的思想，认为语法中的一切都是词汇的。Hudson 分别于 1984 年和 1990 年出版《词项语法》（*Word Grammar*）、《英语词项语法》（*English Word Grammar*）两本专著，完善地阐述了词项语法理论，还对该理论在形态学、句法学和语义学等领域中的应用做了详细论述。词项语法的语义层依据的不是形式逻辑，而是 Lyons（1977），Halliday（1967）和 Fillmore（1976）等的语义理论；句法层也不再用短语结构来描述句子结构，因为一切都以单个词之间的依赖关系来描述。（杨炳钧，2001）此后自 1998 年至今，

Hudson 在互联网上发表了一系列关于词项语法的内容。[1]

词汇主义突出词汇的重要性，强调语言研究要落实到词汇上。描写语言要从语法规则的解释转向词汇事实的解释。（林杏光，1994）也就是说，句法研究要落实到词项上，仅进行语法规则的描写是不够的，必须进行多层面的研究，即形成词的复杂特征集。（郑定欧，2001）1991 年，Hudson 曾宣称词汇主义是当今语言学理论发展的头号倾向。（黄昌宁、张小凤，2002）这一思想自诞生以来，获得了理论语言学界和计算语言学界的广泛共鸣。

在理论语言学中，乔姆斯基提出了"最简方案"，所有重要的语法原则直接运用于表层，把具体的规则减少到最低限度，不同语言之间的差异由词汇来处理。这种思想也非常重视词汇的作用，表现了强烈的词汇主义倾向。（冯志伟，2006a）

而当今在自然语言处理中较为普遍地采用中心词驱动的短语结构文法（Head-Driven Phrase Structure Grammar, HPSG）。炙手可热的中心词驱动的短语结构文法也带有鲜明的词汇主义特征。中心词驱动的短语结构文法是反乔姆斯基生成语法的，但事实上它是从乔姆斯基生成语法模式中发展而来的一种句法理论，两者之间有很多相似之处。突出的一点是，中心词驱动的短语结构文法中的中心词特征原则就酷似生成语法理论中管约理论（GB）的投射原理，更像乔姆斯基后来的中心词理论，其基本道理跟乔姆斯基的特征核查是一样的。（陆俭明，2006b）中心词驱动的短语结构文法认为，词语携带了丰富的句法语义信息，它在很大程度上决定了它所在的句子的句法语义结构。反过来，句子之所以表现出不同的句法语义结构，也正是因为其中所包含的关键词语的不同。显然，中心词驱动的短语结构文法把语法规则的"重担"几乎全部转移到了词汇上，是严格的词汇主义。（陆俭明，2006a）

当前自然语言处理研究普遍提倡基于语料库的方法：通过建立大规模语料库，让计算机经过学习，自动从海量语料库中获取准确的语言知识。因此机器词典和大规模语料库的建设，成为了当前自然语言处理的热点。自然语言处理中越来越重视词汇的作用，出现了强烈的"词汇主义"的倾向。一些著名的计算语言

---

[1]　http://www.phon.ucl.ac.uk/home/dick/wg.htm。

学家多次强调了这种倾向，并给予了极高的评价。黄昌宁认为，词汇主义是近20年来自然语言处理领域三个里程碑式的重要贡献之一。他指出："从本质上来说，词汇主义倾向反映了语言描写的主体已经从句法层转移到词汇层。词汇主义方法特别值得推崇，因为它不仅提出了一种颗粒度更细的语言知识表示形式，而且体现了一种语言知识递增式开发和积累的新思路。尤其值得重视的是在众多词汇资源的开发过程中，语料库和统计学方法发挥了很大的作用。这也是经验主义方法和理性主义方法相互融合的可喜开端。"（黄昌宁、张小凤，2002）冯志伟则认为词汇主义倾向是当今自然语言处理发展的4个显著特点之一。在自然语言处理中，词汇语义知识库的建造成为了普遍关注的问题。美国的 WordNet、FrameNet、MindNet 以及我国各种语法知识库和语义知识库的建设，都反映了这种强烈的词汇主义倾向。（冯志伟，2006a）

第二节 词汇语义知识库的建设现状

在"大词库，小规则"（黄昌宁、张小凤，2002）思想的影响下，国内外各类词汇语义知识库如雨后春笋般纷纷涌现。这些语言资源是基于不同的理论思想，出于不同的应用目的而建构的，因而其内容和结构差异很大。词义应该如何描写？这是我们首先需要回答的理论问题。其实，对机器处理而言，我们应尽量揭示和还原人脑认知系统中的心理词汇网络系统，并以形式化的手段加以描写，以供机器学习。"在人的心理词库中，语义蕴含在由一个个概念节点组成的词汇—语义网络中，这些概念节点及其子系统按语义列和语义场的相同或不同聚合或分离。这个语义网络具有原型特征，学习者可以通过对世界的认知经验及由此形成的概念隐喻表征来推理出词汇意义。"（林雾，2011）综观国内外现有的词汇语义资源，虽然它们结构与内容迥异，但是总体而言主要都是通过描述词汇所代表的概念、概念的属性以及它们跟其他语言单位之间的关系来构建一个词汇—语义网络，力图模仿或还原人脑中认知网络的部分原貌。

结构主义语言学把语言成分之间的关系分为聚合关系和组合关系两大类。聚合关系一般指词汇的上下位、同义、反义等概念聚类关系；组合关系则是指语言成分之间的各种线性组配关系。两种类型的语义关系在自然语言处理应用中发挥不同的作用。比如，聚合关系一般可应用在信息检索中，为检索词提供查询扩展；组合关系则可用在机器翻译、自动文摘、自动问答等需要句法分析的应用领域。（朱虹、刘扬，2008）

根据这些资源所重点描写的语义关系，可以把现有的词汇语义知识库分为三种类型：语义聚合型、语义组合型、聚合—组合综合型。

一、聚合型词汇语义知识库

以 WordNet 为代表的此类词汇语义知识库，是自然语言处理中最典型、最早得到广泛应用的基础资源。这类资源主要描写概念之间的语义聚类关系。除了WordNet 本身外，还有很多以它为原型改造或开放的其他各语种的版本。

WordNet 是普林斯顿大学认知科学实验室的心理学家、语言学家和计算机工程师联合设计开发的一个基于认知语言学的在线英语词汇数据库。它按照语义将众多单词组成一个"词网"，是传统的词典信息、现代计算机技术以及心理语言学的研究成果有效结合的产物。其设计的初衷本来是为了研究人类词汇记忆的心理模型，但目前已经成为自然语言处理中计算词典的典范和事实标准。

WordNet 的基本单元是一个个的概念，每一个概念都由一组同义词所构成的集合来表示，称为一个同义词集（synset）。Synset 与 synset 通过各种语义关系互相链接在一起，构成一张概念关系网络。（Christiane Fellbaum,1998）根据WordNet 官网公布的信息，目前它所收的各类词数量统计见表 1-1[1]：

表 1-1　WordNet 收词情况统计

词　类	单词数（个）	同义词集数（个）	词义对总数（个）
名　词	117 798	82 115	146 312
动　词	11 529	13 767	25 047
形容词	21 479	18 156	30 002
副　词	4 481	3 621	5 580
总　数	155 287	117 659	206 941

[1]　参见 http://wordnet.princeton.edu/wordnet/man/wnstats.7WN.html，数据截止时间 2013年 6 月 30 日。

针对于不同的词类，WordNet 分别建立了语义树，定义了不同的语义关系。名词分为 11 个基本类：实体（entity）、抽象物（abstraction）、心理特征（psychol feature）、自然现象（natural phenomenon）、事件（event）、行动（activity）、团体（group）、处所（location）、所有物（possession）、外形（shape）、状态（state）。名词的语义关系包括同义关系、反义关系、上下位关系、部分整体关系。以这 11 个类为根节点，通过上下位关系往下不断分层，分别构成 11 棵语义树。每个具体的词根据其语义能够展开的层数不等，很少有超过 12 层的语义树。通常层次比较深的情况是由于专业词汇造成的，而不是日常语言中的用词。比如：shetlandpony @->[1]pony @-> horse@-> equid @->odd-toedungulate @-> placentalmammal @-> mammal @-> vertebrate @-> chordate @-> animal @-> organism @-> entity（共有 12 层）。

动词首先被分成事件（event）和状态（state）两个大类，而大多数动词可能属于前一类，这一类又进一步分成 14 个更专门的子类：动作（motion）、感知（perception）、联系（contact）、交流（communication）、竞争（competition）、变化（change）、认知（cognition）、消耗（consumption）、创造（creation）、情绪（emotion）、领属（possession）、身体护理与功能（bodily care and functions）、社会行为与相互作用（social behavior and interaction）、天气动词（weather）。动词间的语义关系包括蕴含关系（entailment）、反义关系（semantic opposition）、致使关系（cause）。其中蕴含关系包括三种：下位关系（hyponymy）、方式与蕴含关系（troponymy and entailment）、动词分类树关系（verb taxonomies）。动词层级分类体系通过下位关系实现，倾向于浅层分类，在大多情况下不超过 4 层。例如：Communicate ~-> [2]talk ~-> [babble / - mumble / - slur / - murmur / - bark] ~-> write。

WordNet 把形容词分为描写形容词（descriptive adjective）和关系形容词（relational adjective）两种类型。[3]描写形容词之间的基本语义关系是同义关系

---

[1]   "@->" 是 WordNet 中表示上位关系的指针，可以读作 "is a" 或 "is a kind of"。

[2]   "~->" 是 WordNet 中表示下位关系的指针，可以读作 "subsume"（包含）。

[3]   与传统语言学的定义不同，在 WordNet 中除了通常的形容词之外，凡是修饰名词的成分，包括名词、现在分词、过去分词、介词短语、小句（clause）也都看成形容词。

和反义关系；关系形容词是由名词派生而来的，一般只存在同义关系，难以和其他的关系形容词之间构成反义关系，但 WordNet 会用一个指针指向与其来源相关的名词，如：

　　　{stellar, astral（星的，星形的）}

　　　　　⇨star（星）

　　　　　　⇨ {celestial body, heavenly body（天体）}

　　副词的基本语义关系是同义关系与反义关系，因为大多数副词是从形容词加后缀的方法派生而来的，这些派生出来的副词都通过一个导出指针（derived-from）指向相应的形容词，如：beautifully（漂亮地）⇨beautiful（漂亮的）。

　　以名词和形容词为例，我们来看看 WordNet 这张词汇大网中的一个局部小网，见图 1-1、1-2。

　　WordNet 基本已成为研究词汇语义的楷模了。各种语言近年来纷纷建立自己语言的词网，其中最著名的有 Euro-WordNet。它通过一种媒介语索引（interlingual index），将英语、西班牙语、荷兰语、意大利语、法语、德语、捷克语、爱沙尼亚语等偶合在一起。（刘海涛，2005）中文信息处理领域也一直在探索以 WordNet 构架为基础的汉语语义知识库。比较著名的有北京大学的中文概念词典（CCD）和台湾地区中央研究院的中英双语知识本体词网（SinicaBOW）。

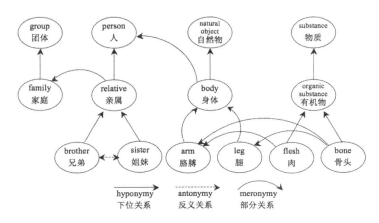

图 1-1　WordNet 名词网络局部示意图

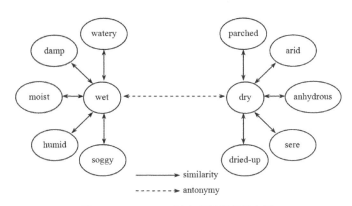

图 1-2　WordNet 形容词网络局部示意图

中文概念词典直接复用 WordNet 的理论、方法、技术，是全球 WordNet 资源建设的组成部分，是一个英汉双语的 WordNet。但中文概念词典根据汉语的特点在 WordNet 的基础上做了一些局部调整，包括：对概念、概念关系的调整和发展（汉语中有"叔父"、"伯父"、"姑父"、"姨父"、"舅父"，英语中没有分别对应的概念，中文概念词典的解决办法是让这些概念对应英语中的"uncle"）；增添汉语特有的特征属性（褒贬义、反义词的音节限定等）；增添一些词义分析必要组合关系，如搭配信息等。[1]

SinicaBOW 也是一个双语词汇语义知识库，它以英语 WordNet 为蓝本，将 WordNet 的 10 万多个概念一一过滤，找出它们最好的（兼顾概念表达与语言使用）中文翻译。当双语对译找不到两个表达概念完全相同的词时，人们则根据两种语言概念系统的差异进行调整（如利用其上、下位节点概念对应）。在此基础上再将 WordNet 的概念与美国电气电子工程师学会（IEEE）颁布的建议上层共享知识本体（Suggested Upper Merged Ontology, SUMO）的节点建立映射关系。SinicaBOW 同时有中英双语互查，以及由任一种语言检索知识本体的功能。也就是说，可以由任何一个中文或英文词汇的词义，查到在建议上层共享知识本体的概念架构上属于该词的概念节点。这提供了由语言到知识架构的接口，在语言学习上，也可以帮助建立以知识体系及相

---

[1]　俞士汶：《汉语词汇语义研究及词汇知识库建设》，第 7 届中文词汇语义学研讨会特邀报告，2006 年 5 月 23 日于台湾交通大学（新竹）。

关概念为基础的学习系统。（黄居仁，2005）

除了 WordNet 和类 WordNet 词汇语义资源外，国内较为有影响的聚合型语义知识库还包括清华大学的现代汉语语义分类词典、哈尔滨工业大学的同义词词林扩展版等。

二、组合型词汇语义知识库

这类知识库通过对词汇的语法属性的描写来表达词与词之间的组合关系。它们对词汇语义的描写仅在于其组合特征，对词的意义本身并不关注。这类资源根据其结构特征又可分为两种类型：①以情景为中心的词义组合框架知识库，以基于框架语义学的 FrameNet 为代表；②以词语为中心的词义组合框架知识库，以 PropNet 和 VerbNet 为代表。

（一）FrameNet

FrameNet 是伯克利大学 Fillmore 等在框架语义学的基础上提出来的一项基于语料库的计算词典编纂工程，其目的在于研究英语中语法功能和概念结构（即语义结构）之间的关系，建立用于自然语言处理的词汇语义知识库。

框架语义学的中心思想是，人们对词义的理解需要建立在对认知域，也就是框架（frame）的理解的基础上。框架是信仰、实践、制度、想象等概念结构和模式的图解表征，是组织词汇语义知识的基本手段。一个框架中包含了若干框架元素（frame element），框架元素跟格语法中的语义格相比，更具体，分得也更细一些。最重要的是，在以往的理论中，语义格是相对于所有词汇而言的，是高度抽象和概括的，而框架元素是相对于一个个的框架而言的，是框架中的构成成分。语义框架是一个类似于脚本的结构，结构中的各个成分由词汇单元的意义联系起来。每一个框架是框架元素的集合，框架元素包括框架的参与者和框架的道具，它们是题元角色。在所给定的含义下，词汇单元的框架语义要描述框架元素的结合方式和在框架中的分布情况。（冯志伟，2006b）。比如，Removing（移动）这个框架的情况可以表示为表 1-2。

表 1-2 Removing 框架的描述

框 架 名	Removing（移动）	
框架描述	An Agent causes a Theme to move away from a location, the Source.	
框架元素	Agent 施事	The Agent is the person (or other force) that causes the Theme to move.
	Cause 致事	The noise of impact resulting from caused-motion of a Theme
	Theme 当事	Theme is the object that changes location.
	Cotheme 同事	The Cotheme is the second moving object, expressed as a direct object.
	Distance 距离	The Distance is any expression which characterizes the extent of motion.
	Goal 目标	The Goal is the location where the Theme ends up.
	Path 路径	Path along which moving occurs.
	Result 结果	Result of an event
	Source 起点	The initial location of the Theme, before it changes location.
	Vehicle 交通工具	The means of conveyance controlled by the Driver.
词 例	abduct.v, clear.v, confiscate.v, depose.v, discard.v, dislodge.v, drain.v, eject.v, ejection.n, eliminate.v, elimination.n, empty.v, evacuate.v, evacuation.n, evict.v, eviction.n, ...	

根据这些元素，我们可以绘出这个框架的语义网络图，见图 1-3。

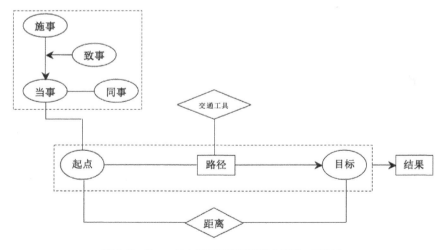

图 1-3 FrameNet 框架网络示意图（胡悰，2011）

每个框架都包含了一批词语，理解这些词语的词义，必须以理解整个框架为前提。比如，"Removing"这个框架中就包含了"abduct"，"clear"，"confiscate"等动词，也包含了"ejection"，"elimination"等名词。这些词语的"共性"（尽管句法上分属不同词类），在同一个"语义框架"中得到了体现。（詹卫东，2003）

像 WordNet 一样，FrameNet 也有许多个语言版本，如 German FrameNet，Spanish FrameNet，Japanese FrameNet 等。在汉语领域，上海师范大学和山西大学也正在联合开发汉语框架语义知识库（CFN），并且已经取得了阶段性的成就。目前，他们对汉语中的 1 760 个词元（一个义项下的一个词）构建了 130 个框架，涉及动词词元 1 428 个、形容词词元 140 个、事件名词词元 192 个，标注了 15 000 个句子（截至 2007 年 12 月）。（李济洪等，2010）

（二）PropBank

PropBank 是在宾州树库（Penn Treebank）的基础上加工而成的。宾州树库原本是一个汉语句法结构树库，不包含语义信息。宾州大学（Pennsylvania University）计算机与信息科学系的帕默尔（Martha Palmer）等在宾州树库的基础上添加了一层浅层的语义标注信息，将角色标注到了句法树中的一些相关节点上，对这个树库动词的配价关系进行标注,从而建立起来一个命题树库（Proposition Bank）。（邵艳秋等，2009）

PropBank 由动词词库和语义角色标注语料库组成。词库中大约包括 3 600 个动词，每一个动词用一个框架（frame）来表示，每一个框架由一个或多个对应于特定动词的义项的 [句式] 框架集合（framesets）组成。PropBank 中包含 5 050 个框架集合，每一个框架集合带有一组语义角色，即角色集合（roleset），分别以通用的论元标记 Arg0，Arg1，...，Argm 来标志（因此，称为编号论元 [numberedargument]）。PropBank 定义的语义角色有 1 400 多个。例如：

Cover:smear, putover.

•Arguments:

Arg0=causer of covering

Argl=things covered

Arg2=covered with

•Example:

John covered the bread with peanut butter.（袁毓林，2008）

（三）VerbNet

VerbNet 是一个根据 Levin 的动词分类理论建立起来的层级性、可提供明确的句法和语义信息的动词词库。其基本假设为一个动词的句法框架（syntactic frames）是语义的最基本、最直接的反映。（贾君枝、董刚，2008）Levin 认为句法框架会直接反映潜在的语义，因此对动词类成员的句法行为进行详细研究，按照在成对的句法框架中出现或不出现的能力来划分类，明确指出每一类的句法特征，而不考虑其语义构成。（贾君枝、董刚，2007）

VerbNet 将动词分为若干个类，对于同一动词类，句法行为相同，则具有共同的句法框架。每一个动词类别由一组动词构成，它们具有共同的句法框架、论旨角色（thematic roles）和选择限制（selectional restriction）。而且，为了描写每一个类别的动词的语义表现(semantic behaviours)，还给每一类动词加上一个语义谓词（semantic predicates）。比如，动词 border 的一个义项"邻接"，跟 bridge，cover，edge，follow，line，span 等动词的某些义项意义相同；它们构成一个类别，其语义谓词是 contiguous-location-47.8。

VerbNet 为动词的每一个义项提供三种描述信息：① MEMBERS，即属于同一个动词类别的各个成员。② ROLES，即该动词义项所能支配的论旨角色，并在括号中标明其语义上的选择限制，一共定义了 29 种通用的论旨角色。③ FRAMES，即该动词义项所能构成的句法格式，包括句式类型、实例、句法配置和语义描述等内容。

VerbNet 在动词的句法和语义之间建立起了一种有效和有用的连接。但是，它并不描写动词之间的复杂的关系，也不涉及它跟相关语料库的关联。简而言之，VerbNet 把在句法—语义连接关系上有相似表现的动词聚成一个类别，并把这些类别按照某种层级关系组织起来。（袁毓林，2008）

（四）MindNet

MindNet 是微软研究院自然语言处理组开发的一项词汇语义知识库。他们试图用三元组（triple）作为全部知识的表示基元，全部三元组都是通过句法分析器对两部英语词典（《朗文当代英语词典》*Longman Dictionary of Contemporary*

English，《美国传统词典》*American Heritage Dictionary*）和一部百科全书（《微软多媒体电子百科全书》*Encarta*）中的全部句子进行分析后自动获取的每个句子的逻辑语义表示。（黄昌宁、张小凤，2002）MindNet 共定义了 24 种语义关系：属性（attribute）、领域（domain）、材料（material）、大小（size）、原因（cause）、同位（equivalent）、方法（means）、源点（source）、联合施事（co-agent）、目标（goal）、修饰语（modifier）、子类（subclass）、颜色（color）、上位（hypernym）、部分（part）、同义（synonym）、深层宾语（deep-object）、场所（location）、领有者（possessor）、时间（time）、深层主语（deep-subject）、方式（manner）、意图（purpose）、使用者（user）。（詹卫东，2003）

　　MindNet 的句法分析器从释义和例句中自动抽取这些语义关系，并自动生成关系的层级结构，来表示全部的释义或例句。我们以单词 car 的释义为例来说明 MindNet 中的语义关系结构。词典对 car 的释义为 "a vehicle with 3 or usu.4 wheels and driven by a motor, esp. one for carrying people"，自动分析后得到如下语义关系（Richardson，1998），见图 1-4。[1]

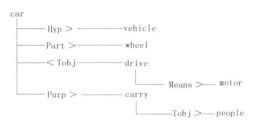

图 1-4　Mindnet 语义关系示意图

　　除了英文版 MindNet 外，目前尚未见到其他语言版本的类似的语义资源。

三、聚合—组合综合型词汇语义知识库

　　这类资源既重视对词汇本身意义的解释和描写，也重视其意义组合属性的描写，以 HowNet 和 HNC 为代表。

　　（一）Hownet（知网）

　　知网是由中国科学院计算机语言信息工程研究中心董振东先生主持开发的。

---

[1]　Tobj 表示深层宾语，Hyp 表示上位。

它是一个以汉语和英语中的词语所代表的概念为描述对象，以揭示概念与概念之间以及概念所具有的属性之间的关系为基本内容的常识知识库。虽然董振东先生一再声明知网是一个常识知识库而不是一部语义／义类词典，但计算语言学界普遍把它当作国内最早的大规模可计算的汉语词汇语义知识库系统。目前的最新版本包含：中文词语 100 168 条、英文词语 96 370 条、中文义项 114 985 项、英文义项 121 042 项、概念定义 29 868 条，数据总记录数达到 191 924 条。[1]

知网的基本哲学思想为：世界上一切事物（物质的和精神的）都在特定的时间和空间内不停地运动和变化。它们通常是从一种状态变化到另一种状态，并通常由其属性值的改变来体现。任何一个事物都一定包含着多种属性，事物之间的异或同是由属性决定的，没有了属性就没有了事物。因此，知网运算和描述的基本单位是：万物（其中包括物质的和精神的两类）、部件、属性、时间、空间、属性值以及事件。[2]

知网通过用"义原"定义概念的属性来实现对概念的语义的具体描写。义原是最基本的、不易于再分割的意义的最小单位。假定所有的概念都可以分解成各种各样的义原，所有义原构成一个有限的集合，义原通过组合构成一个无限的概念集合。知网就是通过这一有限的义原集合来描写概念的。如对概念"男人"用"human| 人，family| 家，male| 男"三个义原加以描述。目前，知网一共采用了 2 199 个义原。（刘兴林，2009）

知网不但描写了概念的语义，还描写了概念之间以及概念的各属性之间的各种关系，这些关系包括：上下位关系、同义关系、反义关系、对义关系、部件—整体关系、属性—宿主关系、材料—成品关系、施事／经验者／关系主体—事件关系、受事／内容／领属物等—事件关系、工具—事件关系、场所—事件关系、时间—事件关系、值—属性关系、实体—值关系、事件—角色关系、相关关系共16 种关系。[3] 通过这些关系，概念的聚合和组合特征都能得到充分的描写。

图 1-5 表示了跟"医疗"相关的一组概念之间的语义关系网络：

---

[1]　参见《知网最新进展》，http://www.keenage.com/html/c_index.html。

[2]　参见董振东、董强：《知网导论》，http://www.keenage.com/Theory and practice HowNet/03.pdf。

[3]　参见董振东、董强：《知网导论》，http://www.keenage.com/Theory and practice HowNet/03.pdf。

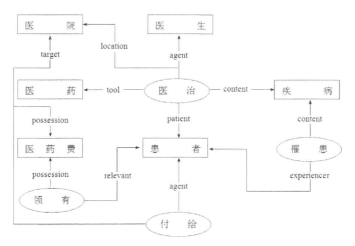

图 1-5 HowNet 知识网络示意图

（二）HNC 知识库

HNC 理论是"概念层次网络"（Hierarchical Network of Concepts）的简称，是中科院声学所黄曾阳先生原创的关于自然语言理解处理的理论体系，它以概念化、层次化、网络化的语义表达为基础，所以称它为概念层次网络理论。HNC理论把人脑认知结构分为局部和全局两类联想脉络，认为对联想脉络的表达是语言深层（即语言的语义层面）的根本问题。局部联想指词汇层面的联想，全局联想指语句及篇章层面的联想。HNC理论的出发点就是运用两类联想脉络来"帮助"计算机理解自然语言。（萧国政、胡悼，2007）

HNC 理论为语言概念空间设计了一个四层级的数字符号体系：概念基元表示式、语句表示式、语境单元表示式和语境表示式，分别对应于自然语言中的词语和短语、语句和语义块、句群以及篇章。（黄曾阳，2004）通过这些表述体系，HNC 理论试图用有限的符号和规则表述无限的语言单位：用有限的概念基元表述无限的概念、用有限的句子类型表述无限的语句、用有限的语境单元表述无限的语境。而且，HNC 完整地构建和发现了这三个有限集：有限的概念基元约 20 000 个，有限的句子类型有 57 种，有限的语境单元约 15 000 种。概念基元形成层次化、网络化的系统，从高层到低层分为 18 个概念范畴、101 个概念群和 456 个概念树，这是 HNC 建立概念联想脉络的核心和基础。（苗传江、刘智颖，2010）作为为其他应用模块提供支持的基础资源，这些知识被纳入 HNC 系统的三个知识库中：概念知识库、词语知识库、常识及专用知识库。（晋耀红，2010）

HNC 词语知识库（语言知识库的主体）是 HNC 知识库的核心部分。HNC 词语知识库对知识进行了提纲挈领式的表示，从概念和语言两个层面，对语法、语义、语用和世界知识进行综合、抽象、提炼，对概念之间存在的关联关系有清晰的描述。它对知识的表示是概念化、数字化的，不是用自然语言描述自然语言。（萧国政、胡惮，2007）

HNC 汉语词语知识库包含有 20 多个知识项，除了概念类别、音调、义项总数、义项的使用频度等级、重叠形式、能否分离、相邻搭配等词汇的语义语法信息外，还包含有句类知识。HNC 的句类是句子的语义类型，与句子的语法结构无关。HNC 发现，自然语言的语句有 57 种基本句类，并写出了它们的表示式。这 57 种基本句类是句子语义的基元类型，用它们的表示式及其组合，可以描述任何语言的任何语句的语义结构。句类表示式由语义块构成，语义块是句子语义的下一级构成单位。不同的句类有不同的特点，称为句类知识。语义块、句类、句类表示式和句类知识是 HNC 建立的语句表述模式的基本概念。（黄曾阳，1998；苗传江，2005）

（三）其他聚合—组合综合型词汇语义知识库

除了 HowNet 和 HNC 知识库这两种典型的资源外，中文信息处理学界还开发了很多重要的综合型词汇语义知识库，包括北京大学的现代汉语语义词典（CSD）、清华大学的现代汉语述语动词机器词典、现代汉语述语形容词机器词典、现代汉语名词槽关系系统。（萧国政、胡惮，2007）

从现有的这些研究成果来看，国外的资源主要集中在概念间宏观语义关系的共性描写方面，无论是聚合关系还是组合关系的描写，都已经各自具备了相对比较完整的体系结构。但是，它们对词义的微观描写的关注还远远不够。在 WordNet 中，同一个 synset 内部的多个元素，虽然是所谓的"同义词"，但是它们的语义并不是相等的，在自然语言的语境中也并不一定能自由替换，而 WordNet 并未对它们进行有效的区分和描写。FrameNet 关注的是事件构成的语义框架，类似的概念往往共享一个相同的框架，并不加以区别，对这些概念具体的语义差别并不加以区分。MindNet 以辞典的训释对象为单位构建网络，为每个被释词生成一个语义逻辑关系的微型网络，因为一般的语言辞典并不足以完善词义之间的所有差异，况且 MindNet 所预设的三原组的架构也没有精细到体现辞典释义所有细节的程度，所以 MindNet 更无暇顾及每个具体词的词义特征。PropBank 和 Verbnet 主要描述的是动词的论旨角色，也不涉及词义的微观描写。

只有国内的 HowNet 和 HNC 既注重聚合关系也注重组合关系的描写，构建网络的思想综合了 WordNet 和 FrameNet 的优点，既描写了上下位、同义反义等同质概念之间的聚合语义关系，而且对词义的微观构成也有所关注，但是其词义知识描写的颗粒度尚有很大的提升空间。

本章参考文献：

[1] Fellbaum, Christiane. WordNet:An Electronic Lexical Database[M].Mass:MIT Press,1998.

[2]Fillmore, Charles. Frame Semantics and the Nature of Language[J].Annals of the New York Academy of Sciences,1976, 20-32.

[3]Halliday, M.A.K. Notes on Transitivity and Theme in English [J]. Journal of Linguistics, 1967(3).

[4]Lyons, J. Semantics[M].Cambridge:Cambridge University Press,1977.

[5] 冯志伟 . 当前自然语言处理发展的几个特点 [J]. 暨南大学华文学院学报，2006（1a）.

[6] 冯志伟 . 从格语法到框架网络 [J]. 解放军外国语学院学报，2006（3b）.

[7] 黄曾阳 .HNC（概念层次网络）理论——计算机理解语言研究的新思路 [M]. 北京：清华大学出版社，1998.

[8] 黄曾阳 . 语言概念空间的基本定理和数学物理表示式 [M]. 北京：海洋出版社，2004.

[9] 黄昌宁，张小凤 . 自然语言处理技术的三个里程碑 [J]. 外语教学与研究，2002（3）.

[10] 黄居仁.语意网与中文信息化的前瞻：知识本体与自然语言处理 [A].孙茂松,陈群秀主编.自然语言理解与大规模内容计算 [C].北京：清华大学出版社，2005.

[11] 贾君枝,董刚.汉语框架网络本体与 VerbNet、WordNet 集成研究 [J].现代图书情报技术，2008，165（6）.

[12] 贾君枝,董刚.FrameNet、WordNet、VerbNet 比较研究 [J].情报科学，2007，25（11）.

[13] 晋耀红.概念层次网络（HNC）语言理解技术及应用 [J].云南师范大学学报（哲学社会科学版），2010，42（4）.

[14] 李济洪,王瑞波,王蔚林等.汉语框架语义角色的自动标注 [J].软件学报，2010，21（4）.

[15] 林雱.双语词典的中观结构与语义认知 [J].泉州师范学院学报，2011，29（5）.

[16] 林杏光.信息化时代促使词汇研究蓬勃发展 [J].语立建设，1994（2）.

[17] 刘海涛.从比较中看计算语言学 [J].咸宁学院学报，2005（4）.

[18] 刘兴林.词汇语义知识库浅述 [J].福建电脑，2009（9）.

[19] 陆俭明.句法语义接口问题 [J].外国语，2006，（3a）.

[20] 陆俭明.要重视特征的研究与描写 [J].长江学术，2006（1b）.

[21] 苗传江,刘智颖.基于 HNC 的现代汉语词语知识库建设 [J].云南师范大学学报（哲学社会科学版），2010，42（4）.

[22] 苗传江.HNC（概念层次网络）理论导论 [M].北京：清华大学出版社，2005.

[23] 邵艳秋,穗志方,吴云芳.基于词汇语义特征的中文语义角色标注研究 [J].中文信息学报，2009，23（6）.

[24] 萧国政,胡惮.信息处理的汉语语义资源建设现状分析与前景展望 [J].长江学术，2007（2）.

[25] 杨炳钧.词项语法评介 [J].当代语言学，2001（3）.

[26] 袁毓林.语义资源建设的最新趋势和长远目标 [J].中文信息学报，2008，22（3）.

[27] 詹卫东 . 面向自然语言处理的大规模语义知识库研究述要 [A]. 徐波，孙茂松，靳光瑾主编 . 中文信息处理若干重要问题 [C]. 北京：科学出版社，2003.

[28] 郑定欧 . 汉语动词词汇语法 [J]. 汉语学习，2001（4）.

[29] 朱虹，刘扬 . 词汇语义知识库的研究现状与发展趋势 [J]. 情报学报，2008，27（6）.

第二章　词义的构成成分与词义基元理论

　　作为自然语言最基层的构造材料，词是自然语言形式和意义组合序列的基本载体。从符号层面上讲，它们是构成句子的最小有形语言单位。无论是人脑还是电脑，对自然语言的处理，都需要从表层形式入手。因此对词义的理解，是理解自然语言语义的起点。

　　在语言学发展的历史长河中，每一个不同的阶段，对语言的认识研究的热点都有所偏重。对此，有学者归纳，"19世纪是特别重视语音的世纪，通过探求不同语言之间词汇和语音的对应关系，构建了语言谱系，其代表性成就是历时比较语言学；20世纪是特别重视语法的世纪，通过探求自足的句法系统，创立了结构主义语言学、转换生成语言学等描写语法系统的分析模式，其代表性成就是共时描写语言学；21世纪应该是特别重视语义的世纪，通过深入描写词汇意义所蕴含的句法特征和句法信息来探求语义与句法之间的接口规律，以最终揭示自然语言的运作机制，为科学地描写和解释语言以及自然语言的机器处理做出贡献，推动信息时代全面深入发展"（邱庆山，2011）。

　　其实，词义研究的历史由来已久。比如训诂学作为中国传统语文学——小学的一个重要分支，早在先秦时期就已诞生。训诂学是一门专门研究古典文献中词义的译解以及语法、修辞现象的分析和解释的学科。训诂学的一些早期经典著作，比如战国末期的《尔雅》、西汉时期的《方言》、东汉时期的《说文解字》，都是词义系统研究的先驱。

　　在整个语言学大家族中，词汇学与词义学是最基础也是最难的问题之一。

著名语言学家张志公先生（1998）就曾感言"语汇重要，语汇难"。基于不同历史时期研究者对语言认识水平的不同，以及研究的价值取向的差异，人们对词义的观察研究角度也在发生变化。

第一节　词义研究的宏观层面与微观层面

早期的词义研究，主要关注词义的内容、性质、分类，以及词义的聚类、词义的搭配与组合等问题。这是词义研究的宏观层面。20世纪中晚期，随着结构主义语言学的兴起与发展，对词义的构成成分与结构方式的研究逐渐得到重视。这是词义的微观研究层面。当前，基于语言理论和应用研究对词义知识描写的颗粒度日益精细的客观需求，无论是理论语言学界还是自然语言处理学界，都面临着词义研究从宏观层面向微观层面的转向。

一、词义的宏观研究

在理论语言学界，就现代汉语而言，词义的研究是在传统的训诂学的基础上发展而来的。20世纪上半叶，训诂学在古汉语字词研究方面仍占主导地位。但是，这一时期在词语意义研究方面开始出现新的内容，一些学者开始用现代语言学观点解释词语意义的发展变化，产生了一些分析词语现代意义的研究成果。现代汉语词汇研究开始时带有语文学的痕迹，后来的发展又与语法学、逻辑学纠合难分。早期主要研究词语的构造，词汇的构成、发展、变化，词语的意义。从20世纪70年代开始，人们对词语的状况研究形成了一门专门的学科——词典学；人们对词语的意义研究，开始形成另一门学科——词汇语义学。在这些研究中，学者们不断借鉴吸收一些相关学科的研究成果，如结构主义语法学的框架理论，结构组织关系、词语意义研究、义素分析等方法，使现代汉语词汇学研究的方法不断完善，使词语意义研究有了形式化的手段。（董印其，2003）

在现代汉语词义的宏观研究层面，很多的问题已经得到了比较充分的讨论，取得了很多的成果。这些问题包括以下几点。

（一）词义的性质

一般认为，词义的性质是多方面的，主要体现为概括性、模糊性、民族性。（黄伯荣、廖序东，2011）也有观点认为，词义的性质不是单一的，而是在多个层面上同时具有对立的统一性，如：客观性与主观性、抽象性与具体性、规范性与灵活性、普遍性与民族性。（崔应贤，2006）其他的观点还有："对词义的特性，概括出的有具体性、抽象性、概括性、运动制、凝固态、广义性、模糊性、民族性、时代性、系统性、确定性、灵活性、不确定性、规定性等。"（苏新春，1994）

要讨论词义，必然涉及词义与概念的关系。岑麒祥（1961）认为词义与概念的区别主要有三点：①概念是思维形式，概念必须有语言材料作为其表现形式，但同一概念可用不同词或词组表示，概念和词义的关系不是一一对应的。②概念是单一的，而词义都有不同的表达色彩。③概念是思维形式的范畴，是逻辑术语；词义是语言学范畴，是语言学术语，它们的本质和特征是各不相同的。石安石（1961）则认为事物或现象与语词的关系是既有联系又有差别的。张永言（1982）进一步从6个方面论述了词义和概念的关系：①词是概念产生和存在必要条件，但不是每一个词都有概念作为基础，而每个词都有意义。②概念是属于思维范畴的，不带感情色彩，词的意义不仅反映客观事物，还带有感情色彩。③概念一般来说各民族是共通的，词义则具有明显的民族特点。④一个概念可以用词组来表达，有联系的几个概念，可由一个词来表达，如多义词。⑤一个词的意义跟其他相关词的意义共同形成一个体系，各个意义相互制约。⑥许多概念界线分明，表达概念的词却可能把这些界线打破，使词义模糊。

这些观点和讨论，对我们描写词义具有重要的指导意义。

（二）词义的构成

关于词义的内容及其构成的认识，葛本仪、王立廷（1992）认为可以归纳为三种观点：①词义的内容包含词汇意义和语法意义两个部分。例如："词里包含有两种不同性质的意义：词汇意义和语法意义。"（高名凯、石安石，1963：105）②词义的内容包括概念义和附属义两个部分。"附属义包括形象色彩、感情色彩和语体色彩三种。"（符淮青，1985：19、22、23）③词义的内容应由词汇意义、语法意义和色彩意义三部分组成。"词的词汇意义、语法意义和色彩意义是互相联系，互为一体的，它们共同充当词义的内容。""当然，我们也不能否认，在词义所包括的三个内容当中，词汇意义是最主要的。因为只有当词具备了词汇意义的时候，词才能成为表示客观存在的符号，才能成为语言中的词。也只有当词具有了词汇意义的时候，它才能进一步获得语法意义和色彩意义。"（葛本仪，1985：96、98）除此之外，"对词义的构成成分，概括出的有概念义、理性义、指称义、色彩义、感情义、形象色彩、语体义、雅俗义、中心义、边缘义、本义、引申义、古义、今义、词内义、词外义、临时义、固定义、结构义、独立义、借代义、评价义、表层义、深层义、形象义、比喻义、假借义、类型义等。"（苏新春，1994）

（三）词义的聚类

在词义聚类方面，讨论得比较多的主要是同义（近义、等义）、反义问题和语义场。

现代汉语同义词研究的成果，学者们关注的主要问题大致集中在五个方面：同义词的性质与定义、同义词的认定方法、同义词的分类、同义词与词性的关系、同义词辨析的角度。（胡惮，2011）而近义词和等义词作为同义词的特殊子类，对它们的界定与划分标准也是大家讨论的热点。（葛本仪、王立廷，1992）

反义词的研究方面，主要有反义词的界说与分类、反义词与对义词的区分、反义词聚类的条件、言语反义词与非言语反义词等。（董印其，2003）

语义场学说就其理论来源而言，有聚合语义场和组合语义场之分。语义场较为系统的理论是德国学者特里尔（J.Trier）于 20 世纪 30 年代构建的，因此一般把特里尔视为语义场论的创始人和主要代表人物。特里尔的语义场是指一组在语义上相互联系、相互制约、相互区别、相互依存的词项构成的聚合体，属于聚合语义场。几乎与特里尔同时，即 1943 年，另一位德国语言学家波尔齐希（W.Porzig）提出从组合关系角度构建语义场理论。波尔齐希的组合语义场理论被有些学者称为"句法场"。与特里尔的语义场相比，波尔齐希的观察分析角度有明显不同。他的研究主要建立在对双成分（如名词和形容词、名词和动词等）组合的内部关系分析的基础上。其理论要点是：词组各组成成分之间，不仅有语法上的联系，也存在着词义上的紧密搭配关系：如"咬—牙齿"、"舔—舌头"、"吠—

狗"、"砍—树"这类有紧密搭配关系的词可以划归为不同的组合语义场。（张
燚，2002）

现代汉语词义研究者们所讨论的语义场，主要是聚合语义场。最有代表性
的成果为贾彦德（1999）归纳的 10 种聚合语义场：分类义场、部分义场、顺序
义场、关系义场、反义义场、两极义场、部分否定义场、同义义场、枝干义场、
描绘义场。除此之外，其他的研究者提出一些较有影响的观点。比如，周国光（2005）
依据心理学的实验材料建立的词汇语义系统中各种语义场共 13 种模型：同类语
义场、同体语义场、同集语义场、层序语义场、循环语义场、同心语义场、典型
语义场、"家族"语义场、重合语义场、叠交语义场、对义语义场、同属语义场、
关系语义场。

除了这些成果外，现代汉语理论语言学界对词义的宏观层面的研究还包括
词义的产生与演变、词的多义现象与义项划分、词义系统性与词义的系统、词义
与其他语言要素的关系（词义与词性、词义与汉字、词义与语音、词义与语法、
词义与语境等），等等。

在自然语言处理学界，宏观层面词义研究的成果主要体现为各种聚合或组
合关系的词汇语义资源及其相关建构理论。（参见第一章第二节）

二、词义的微观研究

词是语言的基本表达单位。按布龙菲尔德的定义，词是语言中最小的自由
形式。这是从语言运用的角度来说的，即在语言交际中（无论是口语还是书面语），
词是可以单独自由存在的、可以独立运用的、语言意义表达的最小语言单位。然
而，就词本身的结构而言，无论是形式还是意义，词都不应该是最小的语言单位。
从词形上看，一个词可以由一个或多个语素构成，这些语素分别带有一定的词汇
意义或语法意义。而从意义的角度来看，词的构成结构要复杂得多。一个词的意
义，往往由一个或多个更小的语义粒子构成。这些语义粒子，有的具有表现形式，
比如由其构成语素来表达。然而在更多的情况下，这些粒子根本不通过词本身的
形式来表达。这些无形的语义粒子，是语言作为约定俗成的意义表达符号的一种
体现，只存在于人的语言认知系统中，通过语言习得代代相传。当然，在词典和

语言教科书中，为了解释词的意义，这些语义粒子往往以显性的语言单位加以形象的描述。微观层面的词义描写，所研究的对象就是构成词义的这些语义粒子以及其构成词义的规则。

在词义的微观研究层面，目前国内外语言学界所取得较有影响的理论与应用成果并不多见。其中最为成熟的、并且被引入国内在现代汉语研究中得到广泛应用的当属义素分析法。

义素分析理论最早由语言学家高名凯先生介绍到国内。他于 1961—1962 年分别撰文阐述素位理论，他在《语言论》一书中，首次采用了"义位"、"义素"的术语。虽然高名凯先生所说的"义位"和"义素"与现代语义学通行的概念并不对应，但是这标志着它们作为词义单位第一次进入了中国。（岳园，2009）义素分析理论被正式引进我国是在 20 世纪 80 年代。贾彦德（1982）在《语义成分分析法的程序问题》中对汉语义素分析程序进行探讨。后来出现了一系列关于语义场的词典及论文、著作，我国的语言研究者开始将义素理论广泛运用于汉语语义分析，义素分析法在我国逐渐兴起。经过 20 多年的研究，义素分析理论取得了重大进展。

义素分析的程序和方法，贾彦德（1999）提出四步法，并对此做了详细介绍：

（1）确定分析义位所在的最小语义场。无论是研究单个义位，还是一组自成语义场的义位，将义位置于最小语义场中观察，就便于切分并描写出最小的语义成分。

（2）比较。大致有三种比较方法：①列出图表进行比较，此法便于分析最小语义场中的多个义位，但这些义位所包含的义素数目必须较少，否则图表无法将复杂的义素清晰地展现。②通过上下文进行比较，即通过考察义位出现的语境，人们来确定不同义位的互补分配关系。③与词典的释义进行比较。贾彦德认为，此法最为实用。语文词典的释义，特别是那些定义式的释义，具有义素分析的痕迹，可供参考。

（3）描写。描写的方式包括结构式和矩阵图两种。相比之下，结构式的用途更为广泛。义素描写必须包含个性义素和共性义素。它们前面附加"＋"或"－"表示肯定或否定，同时"原始词语"必须置于括号内。

（4）检验。贾彦德提出两种检验方式：①用语文词典来检验。然而，如果义素分析是基于词典释义的，那么就无法再用词典进行检验。②把义位置于包含有关义素的上下文中检验。但是，这种方法只能检验出不合理的义素，而无法察觉遗漏的义素。

在贾彦德的基础上，其他学者根据各自的研究做了一些局部的调整，比如，根据语言学研究当前流行的方法，在义素比较和检验中引入语料库，通过量化研究，以获取更为科学合理的义素分析结果。（周洋，2011）但是整体而言，这些方法和步骤均大同小异。

在自然语言处理学界，词义微观层面的研究主要是董振东先生在 HowNet 中提出的"义元"理论以及黄曾阳先生在 HNC 中提出的"概念基元"理论。他们的研究，不但从理论上体现了对词义微观描写结构描写意识，而且他们还据此建立了相关的词义知识库，在自然语言处理中发挥着重要的贡献。（参见第一章第二节）

第二节　义素分析法的得与失

20 世纪 40 年代，结构主义语言学哥本哈根学派的创始人、丹麦语言学家叶尔姆斯列夫（L.Hjelmslev）提出了义素分析的基本构想，即一个词可以被分解为一组微观的语义构成成分。他在继承和发展了索绪尔语言学说的基础上提出了自己的理论主张。他把语言成分分为"内容"和"表达"两个平面，这两个平面又各自分为"形式"和"实质"两层。他赞成索绪尔关于"语言是形式而不是实质"的观点，认为语言学只研究形式即结构关系。"形式"包括内容形式和表达形式，这两种形式各有自己的最小要素，内容形式的最小要素是语义特征，表达形式的最小要素是音位或音位特征。叶尔姆斯列夫提出可以把对比替换的结构分析法引入语义学研究，这可以看作是义素分析理论的最早萌芽。遗憾的是他并没有进一步展开这项研究。（郝艳萍，2011）

20 世纪 50 年代后期，由于受到结构主义语言学家、布拉格学派代表人物雅可布逊（R.Jakobson）提出的音位学区别性特征理论的启发，美国人类学家朗斯伯里（F.G.Lounsbury）和古德内夫（W.H.Goodenough）正式提出并采用义素分析法分析了不同语言中表示亲属关系的词语，把它们分解为一系列语义成分，并加以比较和描写。（周洋，2011）1963年，美国语言学家卡茨（J.Katz）和福德（I.Fodor）采用这种方法为转换生成语法提供语义特征，引起了当时语法学和语义学界的关注。（安华林，2003）它开始是作为转换生成语法的语义解释手段，接着又被推广到一般的语义研究之中，成为欧美现代语义学的一个基本方法。（刘桂芳，1995）

义素分析法自诞生以来，得到语言学界的普遍重视，并被世界各国的语言学家广泛运用于各语种的词汇语义学研究之中。实践证明义素分析的效用，不仅在于它能够揭示个体的词义结构，给我们提供精细的词义解释手段，而且还在于它有利于展现语汇中词间的语义关系，可帮助我们认识与解释各种词义聚合。（刘桂芳，1995）

诚然，义素分析理论也存在着不少的问题。在它被迅速推广的过程中，批评和质疑的声音也一直不断。比如，英国语言学家莱昂斯（Lyons）曾提出过四点批评：①义素和词的概念义之间并不能很好地区别开来，一个词的概念义在另一个词里充当义素，这有循环论证的嫌疑。②对同一个词位可以提出几个同样有理由的分析，这和义素是最小的意义成分的观点相左。③用肯定、否定某个义素存在的二分法来说明一些词的意义有时行不通。④构成一个词义的诸义素并不是一个无结构的序列。（叶斌、谢国剑，2007）

我们应该看到，义素分析理论作为语言学界最早对词义内部的微观结构进行分析和描写的开拓性工作，为词义结构的解析找到了一种便于操作的方法，是结构语义学的一个重要里程碑。所以，我们应辩证地认识它的得失。

一、义素分析理论的价值

我们认为，义素分析理论无论是在理论还是在应用方面，都有着划时代的意义。尤其是随着自然语言处理对语义计算精确度要求不断提高的今天，其理论思想和操作方法对我们建立大规模词汇语义知识库无疑具有十分重要的借鉴意义。

（1）义素是词义的最小构成单位，是词义的基本结构粒子。义位如同音位一样可以进行原子主义的分析，一个义位所包含的内部构成成分与其他义位所包含的内部构成成分存在差异，这种差异性的内部构成成分便成为区别两义位的标志。（曹炜，2009）在这之前的研究中，人们往往把词义当作一个整体来对待，很少关注词义内部的微观结构成分。我国著名的语言学家高名凯（1963）先生曾说过："语音和语义是休戚相关地结合在一起的，互相依存的，但这并不妨碍我们对语义和语音分别进行独立的研究。"可是，传统的汉语词义研究，却正是缺乏这种分别与独立的观念，将词义与词音捆绑于一体，因此所提出的语义最小单位只能是语素。这种观念，阻碍了我们深入词义内部观察和研究其微观结构。"义素"概念的提出，反映了"原子论"的哲学思想，标志着词义的研究从宏观走向微观。在自然语言处理中，如果我们对所有词义的描写能够穷尽分解至最小的意义成分，必将能大幅度提高语义计算的效率。

（2）义素分析法将意义实体化，可清晰地揭示词义，全面描述词义在各个维度的特征属性。词是概念在语言空间的投射，是概念作为思维单位在物质世界符号化的手段。一个概念拥有多个维度的特征属性，反映人脑对客观世界对象不同层面、不同角度的认知。词作为概念的符号载体，其意义就是由分别描述这些特征的不同语义粒子构成的。通过义素分析可以清楚地揭示概念在每个维度上的特征，为词义相似度、词义距离等语义计算开辟全新的处理思路。

（3）义素分析采用词汇聚类对比的方法提取和分析义素。"强调从一群词、一组词当中去提炼词义的构成成分，它启发人们一个词的意义在同别的有关词的比较中会更加准确全面地暴露出来，传统的词典释义尽可能在大的范围中收集例句，然后在例句中概括词的意义，并不把比较一群词、一组词的意义异同作为必要条件。"（符淮青，1988）词义聚类是语义计算中的重要问题，用统计的方法得到的结果差强人意。而在对词义微观结构进行原子化描写的基础上进行语义聚类计算，不但算法简单，而且精确度将得到大幅度提高。

（4）义素分析可以通过对比词与词之间语义粒子的分布，结合语义组合限制条件规则，揭示词与词组合的可能性。从形式上讲，语言符号是通过线性关系组合成符号序列构成更大的语言单位，从而实现意义表达与交际的目的。从词到短语，再到句子，再到段落篇章，就是一个线性组合不断扩展的过程，就像滚雪球一样。语言符号的组合不是任意的，必须遵循一定的规则。这些规则不仅仅是语法规则，还包括语义组合限制条件。词义的聚合和组合遵循一个普遍的公理：能聚合在一个语义场内的一组词，它们必须具有相同的语义成分；能组合成一个有意义的线性序列的一组词，它们必须具有相容的语义成分。例如：

[1] 汽油燃烧能发电。

[2] 天然气燃烧能发电。

[3] 水燃烧能发电。

[4] 空气燃烧能发电。

这四个句子的语法结构式是一模一样的，但是在现实世界中只有 [1]、[2] 两句成立，而 [3]、[4] 两句则不成立。因为"汽油"、"天然气"这两个词含有"＋可燃"这样的义素，所以能跟"燃烧"搭配；而"水"、"空气"则不包含这个义素，因而它们和"燃烧"搭配违反了语义组合限制。

在自然语言处理中，通过词义结构成分的微观分析，计算机就能准确识别语义搭配不当的错误表达。

二、义素分析理论的不足

义素分析法为我们建构面向信息处理的机器词典提供了很好的借鉴思路。如果我们能够用有限的语义单位来表达所有的词义，将极大地提高机器的语义计算能力。然而，由于义素分析法本身的缺陷，它在用于系统的词义形式化描写时尚存在一些问题。

（1）对义素的提取和词义结构的分析具有较大的主观随意性，缺乏统一的标准和操作程序，难以保证系统的一致性。因此，不同的人对同一个词的分析，得到的结果可能大相径庭。例如：

父亲：＋ [有子女] ＋ [成年] ＋ [男人]（徐思益，1984）

父亲：＋ [男性] ＋ [直系亲属] ＋ [长辈]（王德春，1983）

父亲：[＋人＋男性＋亲属＋直系＋长辈]（岑运强，1994）

父亲：（亲属）→（生育关系）＋（男性）（贾彦德，1999）[1]

造成这种现象的原因是不同的分析者对词义认知的角度不同。对"父亲"一

---

[1]　大多数情况下，义素分析普遍使用"[]、＋、—"这类符号标注义素。贾彦德先生另创了一套分析符号，包括：x 表示动作、行为、运动、变化，fa 表示方式，↑、↓ 表示它们标注的对象的不同是由比较而来的，其中↑趋向强，↓趋向弱，→表示行为、动作的趋向或顺的关系，等等。具体参见贾彦德《汉语语义学》。

词语义成分的理解，徐思益关注的是有无子女的状况，王德春关注的是亲属关系的远近及辈分，贾彦德关注的是人物之间的关系。对于自然语言处理而言，这会造成很大的麻烦。

（2）义素集是开放的，因而其数量不可控，难以保证运算的效率和精确性。义素分析本来的初衷是要用有限的义素去表达无限的词义，因而我们首先需要找出一个相对固定的义素集来分析整个词汇系统的词义。然而，这个问题还存在着两个难点：①一种语言中到底需要多少义素才能完整地描写整个词义系统目前并无定论，很多的观点仅仅是一种假设，并未经实证检验。比如，王德春（1983：97）提出："一种语言中义素的数量……一般只有一千左右，常用义素不到两百。"杨升初（1982）则认为："《现代汉语词典》中所收条目一共才五万三千多条，除掉单字和成语、熟语等，合成词的数目也不过三万多条。所以如果能描写五万个合成词的意义结构，那就足够了。组成五万个合成词的字才四千八百个，那么道地的语素数目也不会超过这个数字。为了留有余地，我们按每个语素平均包含九个义素来计算其分析结果也不过才四万多个义素。所以从数目上看，对语素意义进行义素分析是可能的，也是比较'经济'的。"这两种观点，其预估的义素数量之悬殊，可谓天壤之别。更多人对此持悲观论调，认为要得到这个义素集是非常困难其至是不可能的。②对义素的提取不加控制导致整个义素数量完全失控。虽然大多数学者同意"义素是最小的词义单位"这个基本论断，可是在实际的分析过程中根本不是这回事，完全没有严格遵循这个定义。比如，上面的例子中，"有子女"、"成年"、"男人"、"男性"、"直系亲属"、"长辈"、"亲属"、"生育关系"等等，都不是最小的词义成分，因为它们本身还能进一步分解。随便翻开论述义素分析的任何一部著作或任何一篇论文，这样随意指定义素的问题俯拾皆是。如果按照这个思路来建立提取义素，那么义素集是完全开放的，其数量根本无法控制，所以也就不可能建立起这个义素集。而且，词与词互为义素、循环论证的问题也不可避免。

（3）对义素的结构缺乏统一的描述框架，没有提供标准、通用的义素结构模式，难以实现数据的形式化处理。对于义素的性质，学者们有不同的观点。周一民（1995）将义素分为显性义素和隐形义素、范畴义素和特征义素、中心义素和修饰义素、支配义素和从属义素、聚合义素和组合义素、同一义素和区别义素、固定义素和临时义素等。王宁（1996）将义素分为类义素、表义素、核义素。刘道英（2002）认为要区分理性义素和附加义素。张双棣等（2002）提出了指称义素（中心义素）、区别性义素（限定性义素）、遗传义素的概念。蒋绍愚（1989）、苏宝荣（2000）都提出了隐含义素的说法。王军（2005）也类似地提出了隐义素的说法，还提出有标记义素和无标记义素，并将有标记义素分为实标义素、失标义素、虚标义素、错标义素。刘桂芳（2006）将义素分为词汇性义素和语法性义素，词汇性义素又分为理性义素和色彩义素，理性义素又分为概念义素和附属义素，色彩义素又分为感情色彩义素、形象色彩义素和语体色彩义素。张廷远（2007）则把义素主要分为理性义素和隐含义素。曹炜（2009）认为义素可分成三大块：范围义素、特征义素和限制义素。这些对义素性质的不同分类缺乏整体的、大致统一的哲学思想，使得认识在义素的分析方面的描写框架五花八门，其分析结果难以转化成可计算的形式化描述。

（4）对义素关系的认知比较单一，不能区分语义成分在词义结构中的主次地位，忽视语义成分的不同性质及其相互之间的关系，不符合语言事实的客观实际。目前在义素分析的操作中，对义素结构的表达人们大抵采用两种方式：一维的结构表达式和二维的义素矩阵。例如，"哥哥"、"姐姐"、"弟弟"、"妹妹"这四个词，用义素结构式可表示为：（张万有，2001）

哥哥：[男性、年长、同胞、亲属]或者[＋男性→年长↔同胞＋亲属]

姐姐：[女性、年长、同胞、亲属]或者[－男性→年长↔同胞＋亲属]

弟弟：[男性、年幼、同胞、亲属]或者[＋男性←年长↔同胞＋亲属]

妹妹：[女性、年幼、同胞、亲属]或者[－男性←年长↔同胞＋亲属]

我们也可用义素矩阵来表示，见表2-1。

表2-1　义素矩阵

义位 ＼ 义素	男　性	年　长	同胞关系	亲　属
哥哥	＋	＋	＋	＋
姐姐	－	＋	＋	＋
弟弟	＋	－	＋	＋
妹妹	－	－	＋	＋

无论哪种方法，主要都是以二分（＋或－）的形式来表示一个词是否具有某个义素，或者再辅以其他的一些符号，来说明某些义素所表达的对象的性质、状态或状态变化的趋势，而对于义素之间的关系，以及每个义素在整个语义结构中的地位，都缺乏应有的描述。按照这种思路，每个义素都是平行的关系，但事实并非如此。比如"亲属"和"同胞关系"这两个义素，实际上是表达对象在某一个维度上的属性，以及这个属性的取值，类似于一种函数关系。"亲属关系"是一个属性函数，"同胞"是其取值，这个取值还可以是"长辈"、"晚辈"、"姻亲"等。而且，对于大多数词而言，其语义结构成分的地位是不等同的，有的居于核心地位，有的处于从属地位。义素分析法没有描述这些关系，对语义的精确计算是很不利的。

（5）义素分析法回避对抽象概念的描写，其研究对象局限于一小部分内涵、外延相对清晰的名词、动词、形容词，缺乏系统性和周遍性。

义素分析法诞生之初，其研究对象就是一些系统性强、内部义位排列严整的语义场，如美国人类学家所研究的亲属词语语义场和贾彦德研究的汉语军衔词语义场。这些义位的所指都是客观世界中易于认识、容易区分的实体概念。对这些义位做义素分析，根本上讲，就是区分一组类似的实体事物，并用语言进行描述。将此类实体作为义素分析的对象，造成了义素分析的研究过程和结论都过于简单。（周洋，2011）贾彦德（1999）曾明确指出，义素分析法只针对实词，不研究虚词。

我们知道，表达抽象概念的词汇是语言系统中必不可少的重要部分，缺少了对这部分词语的描写，对自然语言的机器理解将变得困难重重。

综上所述，义素分析理论为我们分析词义内部的微观结构，建构面向自然语言处理的大规模词汇语义知识库提供了有益的思路。当然，这种理论及其操作方法的缺陷以及存在的问题也是显而易见的。我们只有解决了这些问题，才能真正实现系统性的词义结构形式化描写。实现这一目标的关键在于，我们首先需要从整个词义系统中提取一套系统的、意义简明单一（没有歧义）的、数量有限的词义成分集，作为对整个词义系统描写的工具符号。这些单一的词义成分就是本书要讨论的词义结构基元。

第三节　词义微观研究的新视域：词义基元理论

除义素分析法之外，当前语言学界对于词义微观粒子的认识，以语义基元（semantic primitive）理论为代表。对语义基元的研究，我们可以溯源到 17 世纪的哲学研究领域。

17 世纪 20 年代，基于人类不仅能用数学的方法进行哲学思考，而且能进行几何学研究的思路，法国数学家、哲学家笛卡尔（Descartes）创立了解析几何，成功地将数学和几何学通过通用符号联系起来，并由此提出建构"通用语言"的设想。（蒲冬梅，2009）在此基础上，德国数学家、哲学家莱布尼茨（Leibniz）提出数理逻辑的设想，试图建构一种理想化的"通用语言"，作为逻辑分析的工具，消除现有语言的局限性和不规则性。他认为，根据事物的数字和逻辑特征，可用简明而严密的数字、符号代表少数原初概念，与组合规则一起构建"通用语言"，通过它们来表述那些在有限逻辑系统中用语言不易表达的复杂概念。（蒲冬梅，2009）莱布尼茨认为每一种语言都是一个模式系统，语言和各种符号构成人类思维的工具，通过这些工具，人类思想可以取得不可思议的成功。语言或某些符号是构成思想的基本分子，是思想的高级形态，因此，语言和符号对于思维是必不可少的。（卢植、伍乐其，2002）

17 世纪中期著名的法国神学家、哲学家阿尔诺也曾经指出："要定义每一个词是不可能的，因为，如果要定义一个词，则必需用其他词清楚地指出跟我们所要定义词相联系的概念。而如果我们希望进一步定义那些用来解释该词的词语，则我们仍然需要更多其他词，以此类推，以至无穷。最终我们不得不停留在一些不可定义的基元上。"（Furthermore, I say it would be impossible to define every word. For in order to define a word it is necessary to use other words designating the idea we want to connect to the word being defined. And if we again wished to define the words used to explain that word, we would need still others, and soon to infinity. Consequently, we necessarily have to stop at primitive terms which are undefined.）（Antoine Arnauld & Pierre Nicole, 1996）

作为语言哲学思想的延续，为了避免词义解释中的循环论证、以复杂的词解释简单的词以及解释外语词时的文化偏误，波兰语义学派的代表威尔茨贝卡（Anna Wierzbicka）在逻辑元语言的基础上创立了自然语义元语言理论（Natural Semantic Metalanguage, NSM），它是 20 世纪晚期出现的一个重要的语义理论。（张积家、姜敏敏，2007）她认为："可以用来定义词汇意义的元素其本身并不可以被定义，相反，它们必须被看作是不可定义的语义基元。"（The elements which can be used to define the meaning of words cannot be defined themselves; rather, they must be accepted as "indefinable", that is, as semantic primes.）（Wierzbicka, 1996:10）

自然语义元语言理论是当代语义学中的一种新范式，其基本理论框架最初形成于 20 世纪 70 年代初。（Wierzbicka, 1972）。Wierzbicka 试图用自然语义元语言理论解释所有语言的基本语义，认为通过分析任何自然语言，都能找到一套概念基元，这是因为实际上每一个基元都是一套具有普适性的人类基本概念在特定语言中的体现。因此，她提出了 14 个非任意性的普遍语义基元（semantic primitives），这 14 个语义基元分别是：I, you, someone, something, part, live, this, say, good, happen, want, feel, not, imagine，并以这些基元为基础，提出一套依据化简释义（reductive paraphrase）进行词义分析的基本方法。20 世纪 80 年代中期以后，其研究范围扩展到词汇语义学、语法结构、词典编纂、语言类型学等许多领域，近年来通过"文化脚本"理论向跨文化语用学领域渗透。（李炯英、李葆嘉，2007）

自然语义元语言理论中的"语义基元"也称"概念基元"（conceptual primes），是释义的最简词汇。（Wierzbicka, 2004）它既可以是词，也可以是其他语言表达形式，如短语成分（phraseme）或粘着语素（bound morpheme）。作为自然语义元语言理论语义分析中的元语言描写工具，语义基元具有不可定义性（indefinability）、普适性（universality）和可验证性（testability）等特点。（李炯英，2005）经过不断的发展与改进，目前自然语义元语言理论中确定的共有语义基元有 60 多个，见表 2-2。（Goddard et al., 2002）

自然语义元语言理论的主要观点可概括为："如果没有一套语义基元，就不能描述词汇的意义。复杂的、模棱两可的意义必须通过简单的、不解自明的（self-explanatory）意义来界定。这些不可界定的、意义简单的语义基元构成了一套微型语言（mini-language），但与完整的自然语言具有相同的表达能力和解释能力。为了克服释义过程中的循环性、模糊性和不准确性等问题，唯一的办法就是寻找出在各种语言中均能表达最简单意义的义核。"见表 2-2。（李炯英，2006）

表 2-2　NSM 语义基元表

Proposed and Experimentally Supported Semantic Primes					
Category	Primes				
Substantives	I	you	somebody/person	people	
Relational Substantives	something/thing	body	kind	part	
Determiners	this	the same	other		
Quantifiers	one	two	some	all	many/much
Evaluators	good	bad			
Descriptors	big	small			
Mental/Experiential Predicates	think	know	want	feel	see	hear
Speech	say	words	true		
Actions & Events	do	happen	move		
Existence & Possession	there is /exist	have			
Life & Death	live	die			
Time	when/time	now	before	after	a long time	a short time
	for some time	moment			
Space	where/place	here	above	below	far	near
	side	inside	touch (contact)		
Logical Concepts	not	maybe	can	because	if
Intensifier & Augmentor	very	more			
Similarity	similarity	like/way			

　　几乎在同一时期，美国著名的认知语言学家杰肯道夫（Ray Jackendoff，1983/1990）也提出了语义元语言（semantic metalanguage）的理论。受认知语法学派的影响，与威尔茨贝卡的理论不同，杰肯道夫的研究目的并不是为了提高语

言的可译性（translatability）寻找基元的共核（a shared core of primitives），而是试图发现词汇意义背后的概念。（李炯英，2006）杰肯道夫认为，"语言所表达的思想是由一种叫作概念结构的认知机制所建构的。概念结构不是语言的一部分，而是思想的一部分。"（The thoughts expressed by language are structured in terms of a cognitive organization called conceptual structure. Conceptual structure is not part of language-it is part of thought.）（Jackendoff, 2002:123）

杰肯道夫（1983）认为语义基元就是表达无穷概念的有限的概念原成分（primitives），他提出了一套概念范畴，包括事物（thing）、事件（event）、状态（state）、地点（place）、行为（action）、路径（path）、性质（property）和数量（amount）。这些概念范畴可以细化为具体的函数题元结构（function argument organization），即动词和介词的内部概念结构。例如，事件范畴可以细化为函数 go 和 stay，而介词 to，from，away 则是路径范畴的典型例子。（李炯英，2006）因此，他认为词项概念可以分解为数目有限的一组（最小的）元语言成分。这些元语言成分组成的概念本身又有内部结构。所谓词的内部结构就是动词和介词相应的原成分可派生出的概念短语。（程琪龙，1997）

相比较而言，威尔茨贝卡的语义基元全是自然语言中简明清晰、不可界定的日常词语，是专门用于自然语言的语义释义，因此，被称作释义元语言。杰肯道夫的理论是从概念的内部结构视角对语义基元结构的理解，可看作是词义的结构基元。

从计算语言学的角度来看，语义基元有最小性，不能被再分解；有生成性，能够由语义基元再加上某些规则来做新的表示；有形式语言的特点，能够由翻译算法、代码等来指代自然语言。（李炯英，2006）Yorick Wilks（1987）曾这样定义："语义基元（或者说一个语义基元集加上一个句法）是一个语义消减装置，自然语言可以通过一个翻译算法转化成用语义基元进行的语义表示，而语义基元本身不能再消减成或解释成其他同类实体。"

在面向自然语言处理应用的汉语词汇语义资源建设领域取得的一些重要成果都与这一思想密切相关。

知网（HowNet）的语义知识库"标注了英汉双语对齐的概念与概念以及概念的属性与属性之间的相互关系"。知网的设计者们相信"所有的概念都能够消减成相应的义原"，而且"关系密切的义原能组成一套开放的概念"。他们已经定义了 2 000 多个义原，共四大类：事件、实体、属性和属性值。（Dong Zhendong & Dong Qiang, 2006）

黄曾阳（1998）创立的概念层次网络（HNC）则把自然语言所表达的知识划分为概念、语言和常识三个独立的层面，对不同层面采取不同的知识表示策略和学习方式，形成各自的知识库系统，建立网络式概念基元符号体系，即概念表述的数学表示式。这个符号体系由五元组、语义网络和概念组合结构组成。所谓概念基元，"大体上相当于义素，可以用来描写任何语言的所有词汇的语义"。这项工程的基础性工作仍然是语义的划分和归类，其中尤为基础的是概念基元（相当于"语义元语"）的提取、定位并归纳成系统。

综观这些研究，对语义基元的理解和定义分别属于三个不同的范畴：

（1）释义基元：威尔茨贝卡从人类普适概念的角度提出的基元理论，其应用价值主要在于对词汇的意义进行界定（解释），因此我们将其称为释义基元。国内学者李葆嘉、张志毅等则从词典释义的角度对汉语词汇的释义基元进行了系统的研究。

（2）认知基元：作为认知语义学派的代表人物，杰肯道夫的基元理论是从概念认知的角度定义的。Jackendoff 的基元理论提供了一种对词义的认知进行分析的工具。

（3）结构基元：以概念层次网络和知网为代表的词汇语义资源库以基元作为词义结构单位描写词汇内部的微观结构，我们将这类基元理论称作结构基元。目前这方面的研究，尚处于起步阶段。这也是本书所要论述的重点。

本章参考文献：

[1] Antoine Arnauld &Pierre Nicole. Logic or the Art of Thinking[M]. Cambridge: Cambridge University Press,1996.

[2] Dong Zhendong, DongQiang. HowNet and the Computation of Meaning[M]. Singapore: World Scientific Publishing Company, 2006.

[3]Goddard, Cliff and Wierzbicka, Anna. (Eds.). Meaning and Universal Grammar: Theory and Empirical Findings (2 volumes) [C]. Amsterdam/Philadelphia: John Benjamins, 2002.

[4]Jackendoff, Ray. Foundations of Language: Brain, Meaning, Grammar, Evolution [M]. Oxford: Oxford University Press, 2002.

[5]Jackendoff, Ray. Semantic Structures[M].Cambridge, MA:MIT Press, 1990.

[6]Jackendoff, Ray. Semantics and Cognition[M].Cambridge, MA:MIT Press, 1983.

[7]Wierzbicka, Anna. Semantic Primitives[M]. Frankfrut: Athenaum,1972.

[8]Wierzbicka, Anna. Conceptual Primes in Human Languages and Their Analogues in Animal Communication and Cognition[J]. Language Sciences, 2004 (26): 413-414.

[9]Wierzbicka, Anna. Semantics: Primesand Universals[M]. Oxford: Oxford University Press,1996.

[10]Wilks,Yorick. Primitives, in Encyclopedia of Artificial Intelligence[M]. S.C.Shapiro (Ed.). NewYork: John Wiley and Sons, 1987:759-761.

[11] 安华林. 面向信息处理的语义元语研究 [J]. 信阳师范学院学报（哲学社会科学版），2003（5）.

[12] 曹炜. 现代汉语词义学（修订本）[M]. 广州：暨南大学出版社，2009.

[13] 岑麒祥. 论词义的性质及其与概念的关系 [J]. 中国语文，1961（5）.

[14] 岑运强. 语义场和义素分析再探 [J]. 福建外语，1994（3/4）.

[15] 程琪龙.Jackendoff 的概念语义学理论 [J]. 外语教学与研究，1997（2）：8-13.

[16] 崔应贤. 论词义的性质 [J]. 河南师范大学学报（哲学社会科学版），2006，33（2）.

[17] 董印其. 现代汉语词义研究历史回顾 [J]. 汉字文化，2003（3）.

[18] 符淮青. 构成成分分析和词的释义 [J]. 辞书研究，1988（1）.

[19] 符淮青. 现代汉语词汇 [M]. 北京：北京大学出版社，1985.

[20] 高名凯，石安石. 语言学概论 [M]. 北京：中华书局，1963.

[21] 葛本仪，王立廷 . 词义研究中的三个问题 [J]. 语文建设，1992（5）.

[22] 葛本仪 . 汉语词汇研究 [M]. 济南：山东教育出版社，1985.

[23] 郝艳萍 . 简述义素分析方法 [J]. 黑龙江教育学院学报，2011，30（4）.

[24] 胡悍 . 概念变体及其形式化描写 [M]. 北京：中国社会科学出版社，2011.

[25] 黄伯荣，廖序东 . 现代汉语（增订 5 版）[M]. 北京：高等教育出版社，2011.

[26] 黄曾阳 . HNC（概念层次网络理论）——计算机理解语言研究的新思路 [M]. 北京：清华大学出版社，1998.

[27] 贾彦德 . 汉语语义学 [M]. 北京：北京大学出版社，1999.

[28] 贾彦德 . 语义成分分析法的程序问题 [J]. 新疆大学学报（哲学人文社会科学版），1982（3）.

[29] 蒋绍愚 . 古汉语词汇纲要 [M]. 北京：商务印书馆，1989.

[30] 李炯英，李葆嘉 . NSM 理论的研究目标、原则和方法 [J]. 当代语言学，2007（1）：68-77.

[31] 李炯英 . 波兰语义学派概述 [J]. 外语教学与研究，2005（5）：377-382.

[32] 李炯英 . 从语义基元的视角比较 Wierzbicka 与 Jackendoff 的语义学理论 [J]. 外语教学，2006（5）.

[33] 刘道英 . 谈义素理论认知上的几个问题 [J]. 青海民族学院学报（社会科学版），2002，28（7）.

[34] 刘桂芳 . 义素分析略说 [J]. 山西师范大学学报（社会科学版），1995，2（2）.

[35] 刘桂芳 . 义素类型及分析之我见 [J]. 学术交流，2006（12）.

[36] 卢植，伍乐其 . 自然语言元语言论与语义分析 [J]. 外语学刊，2002（4）：20-23.

[37] 蒲冬梅 . 自然语义元语言之思想探源及理论形成的机理研究 [J]. 西北大学学报（哲学社会科学版），2009（3）：149-151.

[38] 邱庆山 . 二十世纪汉语词义研究滞后于句法研究的启示 [J]. 昆明理工大学学报（社会科学版），2011，11（3）.

[39] 石安石 . 关于词义与概念 [J]. 中国语文，1961（6）.

[40] 苏宝荣 . 词义研究与辞书释义 [M]. 北京：商务印书馆，2000.

[41] 苏新春 . 当代汉语词汇研究的大趋势——词义研究 [J]. 广东教育学院学

报（社会科学版），1994（1）.

[42] 王德春 . 词汇学研究 [M]. 济南：山东教育出版社，1983.

[43] 王军 . 汉语词义系统研究 [M]. 济南：山东人民出版社，2005.

[44] 王宁 . 训诂学原理 [M]. 北京：中国国际广播出版社，1996.

[45] 萧国政，王兴隆 . "词群—词位变体"和"基元及基元结构"理论驱动下辞书释义的文本推演与模式实现 [A]. 何炎祥，姬东鸿 . 第十三届汉语词汇语义学研讨会论文集 [C]. 2012.

[46] 徐思益 . 论句子的语义结构 [J]. 新疆大学学报，1984（1）.

[47] 杨升初 . 现代汉语的义素分析问题 [J]. 湘潭大学社会科学学报，1982（3）.

[48] 叶斌，谢国剑 . 20多年来国内"义素论"综述 [J]. 杭州师范学院学报（社会科学版），2007（5）.

[49] 岳园 . 义素理论研究综述 [J]. 科教文汇，2009（1）.

[50] 张积家，姜敏敏 . 自然语义元语言理论：内容、发展和面临的挑战 [J]. 嘉应学院学报（哲学社会科学），2007（4）.

[51] 张双棣，张联荣，宋绍年等 . 古代汉语知识教程 [M]. 北京：北京大学出版社，2002.

[52] 张廷远 . 隐含义素的剖析及其语用价值 [J]. 汉语学报，2007（3）.

[53] 张燚 . 语义场：现代语义学的哥德巴赫猜想 [J]. 新疆师范大学学报（哲学社会科学版），2002，23（1）.

[54] 张永言 . 词汇学简论 [M]. 武汉：华中工学院出版社，1982.

[55] 张志公 . 语汇重要，语汇难 [J]. 中国语文，1988（1）.

[56] 周国光 . 语义场的结构和类型 [J]. 华南师范大学学报（社会科学版），2005（1）.

[57] 周洋 . 义素分析法评述 [J]. 和田师范专科学校学报 [J].2011，30（4）.

[58] 周一民 . 义素的类型及其分析 [J]. 汉语学习，1995（6）.

第三章　面向信息处理的词义基元及其属性

机器理解自然语言的根本前提，是我们应该首先教会机器足够多的语言知识。（萧国政、胡悍，2007）这些知识，有两个来源的途径：①根据语言规则建立的语言知识库；②用统计的方法让机器根据带标语料从真实的自然语言材料中去学习。机器学习用的带标语料，实际上也是在自然语言文本的基础上经由人工标注了各类语言知识。因此，无论是哪种方法，都涉及语言知识的描述与表达问题。

我们在绪论中已经深入讨论了人脑和电脑的区别，以及这种区别对自然语言处理的影响。基于这样的区别，面向人类获取语言知识的语言学研究和面向机器获取语言知识的语言学研究，其方法和思路是不完全一样的。尤其在语言知识的描述与表达方面更是大相径庭。

语义资源建设是自然语言处理技术取得进步的重要基础。中文信息处理历经了字处理、词处理、句处理的阶段，经过几代学者的努力，取得了辉煌的成就。目前中文信息处理已经全面进入了语义处理阶段，新的一轮学术发展高潮正在逐步掀起。（萧国政、胡悍，2007）我们正是在这样的背景下来探讨面向信息处理的词义微观结构及其描述的理论和方法。基于自然语言处理的目标取向，对词义的基元研究虽然可以借鉴传统语义学中词义基元研究的成果，但我们最终还是需要符合机器获取语言知识所需要的思想和方法。

第一节　语义学研究的价值取向

任何学术研究的内容和方法，都是由研究目的的价值取向来决定的，古今中外概莫能外。语义学也是如此。

虽然人们对语言意义的本质关注由来已久，例如古希腊哲学家们对"规约论"和"自然论"的争论、中国古代的"名"与"实"之争等等，在中国有着数千年历史的传统小学也主要是对语言文字意义的研究，然而，真正意义上的语义学诞生的时间其实很短。Semantics 这个术语最早是由法国语文学家 Michel Breal 于 1894 年才提出来的。（束定芳，2000）法国符号学派的创始人格雷马斯曾经幽默地把语义学比喻成语言学的"穷亲戚"。他说，"必须承认，语义学向来就是语言学的穷亲戚。在诸语言学科中，语义学是最新形成的门类，连其名称也是 19 世纪末才造就的。即使有了名字并立足于世，语义学也只是致力于借用传统修辞学和内省心理学的方法。"（格雷马斯，2001）

在语义学从诞生到走向成熟的并不悠久的发展历史中，其每一个步伐都受到了来自语言学以外的其他学科的高度关注，同时其研究本身也备受这些学科思想和方法的影响。可以说语义学（包括整个语言学）的发展向来是和周边的学科交织在一起的。在纷繁的学科分类体系中，语义学并不仅仅是语言学的"亲戚"，哲学语义学、逻辑语义学、科学语义学等研究领域，已经成为语言哲学、逻辑学、科技哲学等学科的重要分支。因此，在语义学研究的不同历史阶段，因与其结缘的学科不同，而呈现出不同的价值取向。我们将语义学对意义的研究归纳为求义、析义、释义、述义四种不同的价值取向。

一、求　　义

求义即探求意义的本质。这种价值观一直贯串着语义学研究的整个历史。意义的本质实际上是一个哲学问题，而哲学界对意义的关注一点也不比语言学少。在古典经院哲学阶段，本体论关注"客观世界的本质是什么"，"意义是什么"也是讨论的重点。当近代哲学从本体论向认识论转向，哲学界开始关注认识和世界的关系的时候，意义与世界的关系仍然是哲学的焦点问题。而到了现代哲学阶段，哲学思潮从认识论向语言学转向，语言的意义问题更是成了哲学研究的入口。语言哲学的奠基人维特根斯坦曾经说过："不弄清语言的意义，便没有资格讨论哲学。"吉尔伯特·赖尔（Gilbert Ryle）也指出，"沉醉于意义理论成了当今英、

美、澳哲学家的一种特殊职业病。（伍铁平，1994：37、14）

早期的语义学，关注的是意义的变化。在词源学阶段，语义学家对语义变化的类型、方式和原因产生了浓厚的兴趣，并对此做了深入的探讨。20世纪的前30年，语义学逐渐摆脱了传统修辞学中范畴概念的束缚，从哲学、心理学、社会学和人类文明史等邻近学科中吸取营养，对语义变化过程进行了深入的探讨。（束定芳，2000）这些研究，实际上都是对意义本质的探求。这种对意义本质的探求，在语义学的多个理论流派中都得到了体现。

指称论（Referential Theory）研究意义与指称的关系。弗雷格（G.Frege）认为，"指称是意义，但意义不仅是指称"。在指称论者看来，词的意义是对事物的指称，句子的意义是对真值的指称。（文旭、匡方涛，1998）

意念论（Ideational Theory）研究人的意念与意义的关系。洛克（John Lock）认为，意念是不依赖语言而独立存在的，假如人们不打算让别人了解自己的思想，本来不需要语言。可是人们生活在社会中需要交流思想，这才需要给意念找标志。词句正是因为被用来做标志，才获得意义。（徐烈炯，1995）"词的使用是观念的明显标记，词所代表的观念是词的固有的和直接的意义。"（涂纪亮，1988）

行为论（Behaviorist Theory）研究意义与行为的关系。奥格登（C.K.Ogden）和理查兹（I.A.Richards）继承了索绪尔的传统，把语言看作一种起交际功能的符号。他们用著名的语义三角（Semantic Triangle）来表示语词、概念和所指对象之间的关系。（徐烈炯，1995）布龙菲尔德（Leonard Bloomfield, 1933）认为，"语言形式的意义是说话人发出语言形式时所处的情境和这个形式在听话人那儿所引起的反应"。

用法论（Use Theory）研究意义与用法的关系。维特根斯坦认为，每个词都有自身的用法，而词的用法是由规则规定的，词本身并没有什么意义。他在《哲学研究》中说，"词的意义是它在语言中的用法"。"不必问意义，只要问用法。"

这些语义学领域的经典理论，都在试图回答"意义是什么？"、"意义与客观世界的关系是什么？"这样的问题，主要的价值取向在于从哲学层面对意义本质的探求。这种探求，一直持续至今，并将继续进行下去，因为到目前为止，我们尚未真正揭示意义的本质。

二、释　义

在中国，语义学的学科发展脉络跟西方语义学有所不同。如果说西方语义学难以割舍跟哲学的血缘关系的话，中国的语义学则跟传统语文学一脉相承。当古希腊哲学家们在乐此不疲地思考和辩论"什么是意义？"这样的形而上的问题的时候，中国的训诂学家们则更热衷于告诉人们古典文献中具体的语言文本要传递的是什么样的意义与信息，体现了强烈的实用主义的"释义"价值取向。

中国古代传统语言学叫作"小学"，主要内容由文字、音韵、训诂构成。按照今天的学术分类来看，训诂学当归属语义学。所谓"训"，《说文解字》中解释："训，说教也。"段玉裁注："'说教'者，'说释而教之'。"明梅膺祚《字汇》中解释："训，释也。如某字释作某义，顺其义以训之。""诂"，《说文解字》中解释："诂，训故言也。从言，古声。"段玉裁注："训故言者，说释故言以人，是之谓诂。"可以说，训诂学就是解释词句意义的学问。许威汉（2004）认为：训诂就是对语言，主要是对古代语言作解释。用语言解释语言（包括方俗词语）是训诂的一般含义，对古文献语言作解释是训诂的特定含义。

一般认为，成书于战国末年的《尔雅》是第一部训诂学专著，也是中国历史上最早的词典。其实早在先秦的典籍中，就已经有了训诂学的萌芽。如："乾，健也；坤，顺也；震，动也；巽，人也；坎，陷也；离，丽也；艮，止也；兑，说也。"（《周易·说卦》）"夏曰校，殷曰序，周曰庠，学则三代共之。"（《孟子·滕文公上》）

因此，我们可以说，中国的语义学是从释义开始的。专门研究释义的学问后来成为词典学（lexicography）的核心部分。虽然词典学和语义学关系密切，但是，自训诂学以后现代语义学中并没有明确的、专为词典释义的研究分支。词典学家们一般都是广泛吸取语义学各流派的研究成果，用于词典编纂。也有一些语义学研究者探讨各种语义学理论对词典编纂的应用价值。

值得关注的是，近年来一个新的研究对象——释义元语言逐渐兴起，成为语义学和词典学领域大家共同关注的焦点。像中国古代的训诂学一样，这个语义学研究的新领域也明确体现了"释义"价值取向。

三、析　义

析义即分析语言单位意义的构成与语言系统的意义运作规律。自 20 世纪 30 年代起，结构主义语言学声名鹊起，并派生出布拉格音位学派、哥本哈根语符学派和美国结构主义学派等诸多流派，成为引领语言学潮流的领导学说。尽管各学派关注的对象各有侧重，在一些具体问题上看法也不尽相同，但是他们的基本观点是一致的：语言是一个完整的符号系统，具有分层次的形式结构；在描写语言结构的各个层次时，特别注重分析各种对立成分。结构主义的重要原理和方法被语义学家们迅速应用到了意义的研究中，语义学研究的价值取向开始从探求意义本质向分析意义结构转向。

在结构主义思想的影响下发展起来的分析语义的理论和方法中，最主要的是语义场理论和义素分析法，最杰出的语言学家代表是德国学者特里尔（Jost Trier）。他通过对德语中有关"知识"词语的意义系统结构的研究，提出了著名的"语义场"（semantic field）理论。（束定芳，2000）特里尔将语义相关联的词项集合定义为词汇场（词汇场是静态的语义场），[1] 其中各项的意义相互依存，共同为现实世界提供概念结构。词汇场的界限划定之后，场内的关系需要进一步细化分析，于是发展出借鉴结构主义音系学描写方式的义素分析理论。（贾磊、杨忠，2013）

不但词汇可以进行语义成分分析，句子同样也可以。美国语言学家卡茨（J.Katz）从概念结构的角度来分析句子的语义结构，提出了分解语义学。卡茨认为，要分析句子的语义结构，首先需要对句子中的词语进行语义成分分析，词语的语义成分构成该词语的语义表达式，即语义标示（semantic marker），把词语都分析为语义标式之后，再进行语义合成。语义标示之间通过共同的义素联系起来，就是词组或句子的语义结构。（于鑫，2007）

20 世纪 60—70 年代，乔姆斯基（Chomsky）的生成语言学阵容内分化出一个分支——生成语义学（Generative Semantics）。生成语义学借鉴了结构语义学对义素的分析方法，以及生成音系学的音位区别特征理论，主张语言最深层的结

---

[1]　参见冯志伟文化博客：《语义场—词汇场的类型》，http://blog.sina.com.cn/s/blog_72d083c701017rse.html。

构是义素，依凭句法变化和词汇化的诸种手段实现表层的句子形式。生成语义学试图从句法与语义关系方面修正乔姆斯基的标准理论，认为深层结构就是语义表达，句子始于语义表达，经转换后直接生成表层结构。换言之，唯有语义部分才有生成能力，而且句法特点取决于语义。（王文斌，2009）

作为基于第二代认知科学理论发展起来的认知语言学核心组成部分的认知语义学（Cognitive Semantics）兴起于 20 世纪 80 年代。认知语义学有几个重要的流派，例如，Jackendoff 的概念语义学、Talmy 的认知语义学、Allwood 等的概念语义学、Lakoff 等的隐喻理论，以及一些主要讨论语法的认知语言学流派，如 Langacker 的"认知语法"、Goldberg 等的"构式语法"等，它们对语义的看法、对语法和语义关系的研究也是认知语义学的重要组成部分。（束定芳，2005）认知语义学对结构语义学和生成语义学有所继承，但在很大程度上又是对这两个学派的一种颠覆。认知语义学主张词义是概念化的结果，与人类认知的方式紧密关联。这一学派关注词汇化、范畴化、概念化、隐喻、转喻以及语用推理等，着重探测词义结构与概念结构、概念结构及其句法、系统义与指称、词义的认知基础和个体化、词义分析中的问题与优先规则系统、空间表达的词义、非空间词义场、词义的表征等。（王文斌，2009）

这些语义学理论，虽然也离不开对意义本质的思考，但其关注的重心已经从这一方面转向语言系统内部，致力于对意义结构的分析。

四、述　义

述义即对意义的结构化、形式化描述。这一类的研究有着明确的价值取向：为自然语言处理提供意义形式化描述的理论与方法，以新结构主义和形式语义学为代表。

新结构主义语义学（Neostructuralist Semantics）涵盖多个词汇语义研究理论分支，这些分支直接或间接地延续了结构主义的理念并以生成主义语义学关注的问题为背景，主要探寻语义形式化的可能性。新结构主义范式的语义研究多是采取简约主义的路径，大体沿着语义成分分析和关系语义学两个方向发展，前者包括威尔茨贝卡（Wierzbicka）的自然语义元语言（Natural

Semantic Metalanguage）、杰肯道夫（Jackendoff）的概念语义学（Conceptual Semantics）、比尔维施（M.Bierwisch）的双层语义学（Two-Level Semantics）、普斯特若夫斯基（Pustejovsky）的生成词汇理论、（Generative Lexicon）；后者包括米勒（G.Miller）的词网（WordNet），梅尔丘克（Mel'čuk）的词汇函项（Lexical Functions），以及语料库分布分析范式。从词汇语义分析的心理现实性和形式表征的充分性来说，前一类又同时关注词汇和认知的互动，考察语义成分描述的认知基础或语义与语境的界面；后一类则与计算词汇语义学密切联系，为之提供词汇资源或发展从语料库中提取语义信息的计算方法。（贾磊、杨忠，2013）

这些理论虽然其研究的初衷并没有明确指出是为自然语言服务的，但是，因其十分注重语义结构的形式化描述，能够方便地为机器自动获取语义知识服务，因而被自然语言处理学界广泛借鉴或者直接采用，比如 WordNet 现在已经成为计算词典的典范。基于这些理论的后续研究，都带有鲜明的"述义"价值取向。

形式语义学（Formal Semantics）又称为逻辑语义学（Logical Semantics），是介于语言学和逻辑学之间的交叉学科，它以理论语言学为语言研究的理论依据，以数理逻辑的方法为语言研究的工具，目标是对自然语言的语义进行形式化描述，从而实现机器对自然语言的自动理解。（李可胜，2009）

形式语义学起源于 20 世纪 70 年代的蒙塔鸠语法（Montague Grammar），是包括蒙塔鸠语法、广义量词理论（Generalized Quantifier Theory）、情境语义学（Situation Semantics）和类型—逻辑语法（Type-Logical Grammar）等理论的以自然语言为研究对象的学科群体。（邹崇理、雷建国，2007）形式语义学的落脚点在于自然语言的语义，但其出发点往往先构造对应语义运算的句法。形式语义学的最显著特征是把自然语言看作是现代逻辑形式化方法处理的对象，认为自然语言与逻辑语言没有实质的区别，可以通过构造自然语言形式系统的方式来解决其语义问题。具体的操作手段是建立句法和语义的对应原则，构造遵循意义组合原则的语义模型。这些思想观念和技术工具是形式语义学的基石。（贾改琴、邹崇理，2009）

冯志伟（1996）曾经讨论过自然语言处理的三个过程：①把问题在语言学上加以形式化使之能以一定的数学形式表示出来；②把数学形式表示为算法，使之在计算上形式化；③根据算法编写计算机程序，使之在计算机上加以实现。形式语言学所做的工作，就是第一个过程。

语义学研究的这四种价值取向并非是按严格的历史发展时序排列的，而是在各个历史阶段互有穿插、各有侧重。其中"求义"是最基本的价值观，人们对意义本质的探求不但没有因其他价值追求而放弃，恰恰相反，对意义本质的不同认识，也正是其他三种价值观的出发点和基石。

第二节 概念认知与词义基元

萧国政（2011）在探讨语言研究方法论时提出，应区分面向人与面向电脑的语言研究，界定"人际研究"与"人机研究"这两种不同的研究目标。

一、传统语义学词典释义的困境

电脑跟人脑处理语言的方式是不一样的。人脑的语言认知能力、普遍语法机制和对语言能产性的习得，使人具有极强的语言理解和生成能力，所以人际语言研究主要的目标不但要归纳语言的规则，更要揭示语言规则形成的原因及其文化、心理机制。不但要知其然，还要知其所以然。对人而言，只要认识了规则的"所以然"，规则本身也是能产的。而机器对语言的理解只是通过简单的"条件→动作"偶对运算来完成，理解的依据是机器中的语义知识库与语言规则库。机器只需知其然，而不需要知道任何规则的"所以然"。人机研究的重心在于建立详尽的语言规则库和大规模的语义知识库。很多问题，对人脑来说是轻而易举的事情，比如分词、句法成分识别、组合能力选择等等，对机器来说却极其艰难。要使机器具有智能，人必须不厌其烦地告诉机器尽可能多的语言知识甚至是百科知识。乔姆斯基提出的"观察充分、描写充分、解释充分"的标准，是理论语言学界的金科玉律，可是对人机语言研究来说，应该是"观察充分、描写穷尽、不必解释"（胡悍，2011）。

对词义的描写也是如此。电脑要对词义进行计算，就必须要有包含每个词的意义的先验知识，这就需要对词义进行形式化的描写。结构主义之前的语义学，是把词义当作一个整体来对待的。对词义的解释和描写，一般是先划分义位，然后把整个义位圆囵地置于语言环境中进行观察。就汉语而言，从最古老的训诂学，到现代的词典学，都是如此。比如："二足而羽谓之禽，四足而毛谓之兽。"（《尔雅·释鸟》）"禽，走兽总名。""兽，守备也。段玉裁注：能守能备，如虎豹在山是也。"（《说文》）

这种用一个词去解释另一个词的直训的方法，当然是把词义当作一个整体。其实就是训诂学家用一个词组、句子，甚至用一个以上的句子解释词义，也是把被解释的词义当作一个整体，而不把词义看作是由若干成分组成的。传统语义学对词义的理解和处理明显地超过训诂学，但是仍然把词义（义位）当作一个囫囵的整体，即使现在相当权威的词典仍然是这样。（贾彦德，1999），如：

【禽】①鸟类：飞～｜鸣～｜家～。②＜书＞鸟兽的总称。

【兽】①哺乳动物的通称。一般指有四条腿、全身生毛的哺乳动物：野～｜禽～｜走～。②比喻野蛮；下流：～心｜～行。（《现代汉语词典（第5版）》）

这种词义的描述方法，只能解决人对语义知识的获取需求，对电脑而言是行不通的，因为它存在着两个致命的弊端：①循环解释；②用自然语言描述词义。

自然语言是一种特殊的符号系统，它不需要借助其他外在的工具，而只需要运用其系统本身的符号和符号组合规则就能够对该系统进行描写和解释。这就是自然语言系统的封闭性特征。一般来说，对人类读者而言，这种自足式的意义描写方法是可以被接受的。但是如果不加以控制的话，这种描写和解释很容易陷入循环论证的怪圈中。在传统的词典编纂中，这种弊端体现得很明显。例如：

【歌颂】用诗歌颂扬，泛指用言语文字等赞美：～祖国的大好河山。

【颂扬】歌颂赞扬：大加～｜～功绩。（《现代汉语词典（第5版）》）

还有更为极端的例子，如：

【似乎】仿佛；好像：他～了解了这个字的意思，但是又讲不出来。

【仿佛】似乎；好像：他干起活来～不知道什么是疲倦。

【好像】似乎；仿佛：他低着头不作声，～在想什么事。

这三个词完全是在转着圈的循环释义。假设是一个汉语水平比较低的小学生或者是一个外国人，完全不了解这三个词的词义，希望通过词典来学习它们的话，一定会被绕得晕头转向。这就说明这种词义的描写方法即使是对人类读者而言也并不能真正达到释义的目的。

这样的例子在《现代汉语词典》中比比皆是。这个问题并不是汉语词典的专利，在其他语言的词典中也普遍存在，即使是号称名列"世界三大权威词典"的《牛津高阶英汉双解词典》、《朗文当代英语词典》也是如此，例如：

【anxious】*worried* about something

【worry】to be *anxious* or unhappy about someone or something, so that you think about them a lot（*Longman Dictionary of Contemporary English*）

【anxious】feeling anxiety; *worried*; uneasy

【worry】be *anxious* (about sb, difficulties, the future, etc)（*Oxford Advanced Learner's Dictionary of Current English*）

这种释义方式存着明显的逻辑缺陷。正如维特根斯坦（1985：35）所言："任何命题都不能言说自身，因为表达命题的符号不能包含在这些符号自身之中。"格雷马斯（2001：12-13）也对此有过论述："语义学为自己确定的目标是汇集必要而又足够的概念手段，以描写任何一种被视为表意集的自然语言，比如法语。这一描写所遇到的主要困难，人们已经看到，来自于诸自然语言的特殊性。一般说来，对画作的描写可以理解为把绘画语言翻译成法语。但是，从同一个角度看，对法语的描写只能是把法语翻译成法语。如此，研究的对象就混同于该研究的工具，就像被告同时是预审法官一样。"

这样描述词义如果说在供人阅读的词典中尚差强人意的话，那么在语言信息处理中则会给词义计算带来巨大的困惑。

至于第二个弊端就更明显了。建立机器词典或词汇语义知识库的目的，本来是为了通过以电脑能够计算的结构化数据的形式对词义进行形式化描述，以赋予电脑足够多的先验语言知识，从而实现电脑对非结构化的自然语言文本的自动理解。而假如词义先验知识本身用这种非结构化的自然语言来描述，这显然又陷入了另一个循环论证的逻辑怪圈。所以，即使不存在循环释义现象，对机器词典而言，若仅以传统的方法简单枚举每个词条的解释，也难以对词义进行任何计算。

二、词义互训的认知心理基础

这种循环释义产生的原因在于概念和词义的产生是有先后顺序的，而且人的意识中对一组概念的认知也可能存在着不同的顺序。在语义描写中如果忽略了这个顺序，就会导致循环释义。

概念是人类在认识客观世界的过程中，认识从感性上升到理性，把所感知的事物对象的共同本质特征抽象出来加以概括而形成的。概念产生后，如果需要表达，就需要在语言层面进行投射，形成语言符号，词就是概念符号化的产物，词的意义，体现的就是概念所代表的对象的特征。

人脑中概念一旦形成，就会产生一个认知图式。人们在理解新事物时需要将新事物与已知的概念、过去的经历（背景知识）联系起来，也就是说对新事物的理解需借助头脑中已经存在的图式。皮亚杰认为，同化 (assimilation)、顺应（accommodation）和平衡（equilibration）是认知发展的三个基本过程。儿童认知新事物的过程中，总是试图用原有的图式去同化它，如果成功，就取得了认知上的平衡。如果不能同化就做出顺应，调整原有的图式或创立新图式去接受新事物，直至达到认知上的新平衡。（Xiao Guozheng & HuDan, 2008）所以，人脑中很多新概念的增加是在已有旧概念的基础上同化而来的，这就是我们可以用一个概念（旧概念）解释另一个概念（新概念）的认知基础。相应的，在语言系统中用一个词（或一组词）的词义去解释另一个词的词义，实际上就是这个认知过程在语言符号层面的投射。

由此可知，词义互训应该遵循一个原则：只能用代表先认知到的旧概念的旧词去训释代表将要认知到的新概念的新词。只有这样，词义的互训才不至于掉进循环训释的死胡同。但是问题是，概念认知的先后顺序，对不同的人而言也是不相同的。我们显然不能强制所有的人认知所有的概念都遵循相同的顺序，这是根本无法实现的。

其实，人脑中并不是所有的概念都是依靠旧概念同化得到的，必然有一批概念是在认知客观世界的过程中通过抽象和范畴化直接得到的原始概念。这批原始概念，是人脑通过同化进一步认知其他新概念的起点和工具，也就是用来理解其他概念的元概念。我们只有找出这批元概念，并以此对其他概念进行解释，才能斩断循环释义的怪圈。

三、概念的属性维度与词义基元

客观世界的对象包罗万象，每个对象各自的特征纷繁复杂，所以每一个概念也就拥有了多个维度的特征属性。虽然每个概念的整体特征不同，但是它们的特征发生异动的维度是相同的。比如，对于实物对象而言，往往具有形状、大小、重量、温度、颜色、形态等等特征；对事件对象而言，则有主体、客体、时间、空间、原因、过程、方式、手段、工具、目的、结果等特征。不同的对象之间因其具有或不具有某一个或多个维度的特征，或者在某些共同具有的维度上特征的具体表现不同而彼此互相区别。

在感知的层面上，人们可以直接区分这些特征的差异从而区分不同的对象，而不需要经过思维，比如通过触觉可知温度的高低，通过视觉可知颜色的浓淡，通过听觉可知声音的大小。但是如果离开了具体的对象来区分代表不同对象的概念，则需要通过思维来区分这些概念的特征。

任何一个概念内涵，都是由不同维度的属性构成的。投射在语言系统中，概念对应着语言中的词汇。[1] 概念的内涵对应着词汇的意义，而概念在每一个具体维度上的特征属性就是词义的具体构成成分，也就是我们所要讨论的词义基元。概念在每个维度上的特征属性都是一个变量，这些变量分别被赋予不同的属性值。这实际上类似于一种代数关系。概念每个维度上的特征属性都是一个函数，在一定的取值范围内赋予一个具体的变量值，运算的结果就是概念在该维度上的具体特征。

在语义的层面，每一个特征属性及其取值都是由一个词义基元或一组词义基元组合而成的基元簇来表达。一个词的词义结构，就是由若干词义基元函数构成，因此可以表述为带有常量、函数关系、变量以及词义逻辑运算的方程式。我们称之为词义结构方程。

由此可知，虽然我们在认知客观世界的时候，把概念作为一个完整的对象，因而在解释词义的时候也往往把词义看作是一个整体，但这并不意味着词义是一

---

[1]　事实上，并非所有的认知都能形成概念，并非所有的概念都能投射在语言层面上形成语言符号，在语言层面上能形成投射的概念也并非都能有相应的词汇。我们这里讨论的只是能够词化的概念。

个不可分割的囫囵体。一个词的词义，实际上是一个基元化的复合结构体，构成这个结构体的材料来自一个有限的基元集，基元组合的规则遵循词义结构方程约束。

虽然我们可以通过这些词义基元来揭示概念认知的心理机制，或者用它们来为词典释义服务，但是这并不是我们此项研究的初衷。我们的目的旨在探求词义内在的微观结构成分，以及这些成分之间的关系和它们的结合规则，并以此为工具对词义进行形式化描述。我们所讨论的基元是词义的建筑材料，所以我们称为词义结构基元。

词义基元的种类和数量因语种而异，在同一种语言内，不同种类的词汇（譬如以词性来区分）其词义基元又各有差异。各语种词义基元的数量到底有多少？这是 21 世纪语言学界面临的最具有挑战性的新课题之一。目前词典学领域的研究结果表明，英、汉两种语言中用于词典释义的基元词在 3 000 个左右。在自然语言处理领域，HowNet 使用了 2 000 多个基元，HNC 有 1 200 多个基元。虽然我们所要讨论的基元跟这些研究并不完全相同，但是可以根据这些数据预测，用于描述现代汉语整个词汇系统的词义结构基元可控制在几千个以内。

词义结构基元必须具有以下特征：

（1）它们是词义的基本成分，是词义的结构材料。虽然一些简单词，如：大、小、男、女、行为、事物等，能够被当作词义基元，但词义基元不一定全是词，大多数情况下并不以词的形式出现。例如，语言中的粘着语素，以及汉语中的固定语义结构如"似……的"、"由……构成"、"为……目的"等，都属于非词的词义基元。

（2）它们是语义的最小颗粒，即不能再被细化或解构成更小颗粒。

（3）在词族中，它们能够由上位词传递给下位词。比如：水是一种形式的液体，因而，"水"的语义包含有基元簇 Gs[形状 (无)]，此基元簇系由其上位词"液体"遗传而来。

词义基元工程的初始工作是建立词义基元库，并对每一个词进行基元结构描写，这是一项庞大的工程，而且基本上要靠人工完成。所以在进行词义结构的微观描写的时候，如果我们将每一个词的词义都分解到基元的级别，面临的数据处理工作是海量的，而且数据库中也会产生大量的冗余数据。研究发现，有些词义基元，尤其是来源于同一个亲代的一组共同基元往往紧密排列在一起，形成一个更大的语义单位，参与新词的语义建构。这样的一组词义基元，我们称之为词义基元簇。基元簇中所含的基元在两个或两个以上，数量不等。它们的结构紧密、语义明确。基元簇的较大单位能够表达独立的概念，甚至能够单独成词。在描写处于同一语义场中的一组词的语义时，基元簇能大大简化词的基元表达结构，有利于大幅提高人和机器的语言处理效率。比如："温度[值（大）]"、"温度[值（小）]"分别构成"热$_2$"、"冷$_1$"两个义项词的词义。当我们需要对其他的词义进行结构分解的时候，当涉及其温度属性时，一般"冷"、"热"是作为整体而出现的。在我们预先已经对"热$_2$"、"冷$_1$"进行了结构解析的前提下，为了使描述简略，节约计算机的存储单元，提高运算效率，我们就可以直接把"热$_2$"、"冷$_1$"作为语义构成单位使用（记为 { 热，冷 }，不带下标）。这类词义基元结构体虽然并不是一个严格意义上的基元，但是其作用跟结构基元类似。我们可将这类词义基元结构体称为"基元簇"或者"类基元"。

在词汇系统中，词并非孤立而是彼此相连的。词族是词的聚合形式。理论上来讲，整个词汇系统就是一个最大的词族，可以拆分成无数小的词族，每一个小词族又可被拆分成更小的词族。这种拆分一直可以持续到不可分为止，我们由此可以得到整个词汇系统的语义层级树。

词族的基本结构是母子结构，我们称作词族最小对立体。一个词族最小对立体由一个亲代词（上位词）和一组子代词（下位词）构成，例如：{ 生物：动物，植物，微生物 }，{ 动物：哺乳动物，鸟类，鱼类，爬行动物，昆虫 } 等。人们将它们归于一个词族最小对立体是因为它们拥有共同的家族词义基元。在词汇系统中，一个词可以充当一个词族最小对立体中的亲代词，同时也可以充当另一个词族最小对立体中的子代词。

词义基元是词的概念意义和属性意义携带者，是词汇语义表征的控制因子。一个词的所有语义特征属性，都是由构成该词的不同词义基元所产生的。在构成新词的时候，作为新词构造起点材料的亲代词，其所有的词义基元都会原封不动地遗传给新词，新词因此就继承了其亲代词的所有语义属性。这一规律能合理解释词汇网络中下位词和上位词的语义关系，是语义推导和语言生成的基本定律之一。例如：

{entertainer} (a person who tries to please or amuse)

　　=> {performer, performing artist} (an entertainer who performs a dramatic or musical work for an audience)

　　　　=> {musician, instrumentalist, player} (someone who plays a musical instrument (as a profession))

　　　　　　=> {flutist, flautist, flute player} (someone who plays the flute)

这是从 WordNet2.1 单机版中截取的一个片段，对应的中文为：

第一代：{演艺人员}（设法取悦或逗乐他人的人员）

第二代：=> {表演者，表演艺术家}（为观众表演戏剧或音乐作品的演艺人员）

第三代：　=> {音乐家，演奏家，乐手}（演奏乐器的人，作为一种职业）

第四代：　　=> {长笛吹奏者，横笛演奏者，笛手}（吹奏笛子的人）

这组数据反映了 WordNet 语义分类树中的一个分支所描写的概念节点之间的上下位层级关系。从这组数据中机器可以自动推导出这个代表概念分支的词汇家族中上下代之间的语义继承关系。第二代概念节点之上 Synset 中的词和短语 {performer, performing artist} 完全继承其亲代节点上的词 {entertainer} 的语义特征信息，以此类推，第三代继承第二代，第四代继承第三代。越往后代，词所继承的词义基元越多，意义越具体。

建立在原型理论基础之上的认知语言学的语义观认为，我们可以把与某词的词义相关的背景信息视为一个知识的网络体系，这一网络体系已内化入我们的文化特征、行为方式等。具体地说，我们只有将一个词放到与之相关的知识的网络体系背景中才能理解它的意义，这些背景构成了我们理解词义的域（domain）。（蓝纯，2005）Langacker（1987）认为，时间和空间是两个最基本的域（basic domains），他所说的基本域还包括温度、颜色、味道、音调等感官经验和快乐、热情等心理状态。一个语言符号通过凸显（profiling）相关域中的某个部分或某几个部分的组合来获取意义。Langacker 进一步指出，凸显原则是指导我们的认知程序的三个原则之一。

事物的多重属性，在语义层面体现为不同的词义基元，分别对应于概念在多个认知域中的特性。在具体的语用环境中，我们往往需要凸显概念在某一个域中的特性，而忽略它在其他域中的特性。比如概念"雪"在颜色域中的特性是"白色"，在温度域中的特性是"冰冷"，在形状域中的特性是"片状、六角形"。这些特性分别在不同的语境中得到凸显，产生不同的交际价值，例如：

[1] 树枝上积满了雪，银妆素裹，分外妖娆。（凸显颜色域中的特性）

[2] 片片雪花满天飞舞。（凸显形状域中的特性）

[3] 这个打击对她来说不是雪上加霜吗？（凸显温度域中的特性）

在语言和文化的习得过程中，这些认知域和概念在各个域中的特性会逐步内化到人脑的认知系统中，对人脑而言，不同的交际语境会自然激活概念在不同域中的特性，使之得到凸显。

自然语言理解的过程，实际上也是一个模拟人脑语言认知的过程：如果我们的语言知识库中储存了语言概念在各个认知域中的特性，语言规则库中储存了这些域的激活条件，当计算机程序判断某条件成立时，就激活相应域中的特性，从而产生类似于人脑对语言理解的效果。

要实现这一目标，如何在词汇语义知识库中详尽描写这些域以及控制每个概念在不同域中的词义基元，是问题的关键。

任何事物都包含多重属性，有的是本质属性，有的是非本质属性。如"能制造和使用生产工具、具有社会性"是人的本质属性，是人区别于其他动物的标志，而"肤色"、"毛发"、"高矮"、"性别"等等则是人的非本质属性。在实际交际中，并非只有本质属性才起作用。比如在上例 [2] 中，凸显的"雪"在形状域中的特性，并不是雪的本质属性。理解概念所需要的认知域及控制所有概念在每个域中的具体表现的词义基元，人力显然是难以一一穷尽列举的，更不用说在词汇语义知识库中加以详细描述了。毕竟大规模语义知识库的建设是一项长期的持续性的工作，我们需要分阶段逐步进行。（胡惮，2011）

第三节　词义基元的形态特征

大多数词义基元本身能够以词的独立形式存在。由单个词义基元构成的词，它们的词义单纯，一般表达认知的基点概念，这些词可称为基元词。但是，词义基元并非都具有显性的语形载体。根据词义基因对语言符号载体的选择情况，我们可以从不同的角度对它们进行分类，并探讨其属性。

一、自由词义基元和粘着词义基元

我们观察词义基元时，可以发现有些是词，有些不是词，所以我们把它们分成自由词义基元和粘着词义基元两类。

自由词义基元本身不需要任何其他成分，可以单独成词，比如："大"、"作"、"不"、"是"等等。这些由自由词义基元构成的词是词汇系统中的基本常用词。任何语言中，都存在一系列此类基本词，它们的数量有限。它们意思简单而且稳定，所以不必或者不可界定。尽管词典试图解释每一个词，实际上并非所有的词都可解释，有时反而多此一举。

粘着词义基元不能单独成词，必须与其他基元联合组成词，比如：汉语中的粘着语素如"第"、"初"、"者"等和固定结构如"似……的"、"由……构成"、"为……目的"、"被……驱使"等，以及英语中的词缀如"-ly"，"-ness"，"-hood"，"un-"，"in-"等等。粘着词义基元没有词汇形式，通常和自由词义基元或其他粘着词义基元一起构成新词。

随着人类认知的不断扩大和加深，新的概念层出不穷。当人们试着用本族语表达新概念时，他们倾向于在已知的语义形式上增加某些新的词义基元来构成新词。这是词汇系统发展的基本原则，叫作词汇的同化范式。（Xiao Guozheng & Hu Dan, 2008）这些新增的词义基元往往是粘着词义基元。因此，自由词义基元是封闭的，粘着词义基元是开放的。

二、有形词义基元和无形词义基元

根据词义基元是否有具体的拼写和语音形式，分为有形词义基元和无形词义基元。

所有的自由词义基元都有独立的拼写和语音表现形式，这一类都属于有形基元。而粘着词义基元一部分有拼写和语音形式，比如词缀这部分属于有形基元。而由固定语义结构如"似……的"、"由……构成"、"为……目的"、"被……驱使"、"两者之间"、"从……到……"等形成的词义基元则属于无形基元。

三、显性词义基元和隐性词义基元

根据它们是否以显性符号的形式（拼写和语音）出现在词的结构中，词义基元分为显性词义基元和隐性词义基元。

无形词义基元因其本身并不具备拼写和语音形式，更不可能在词中以显性符号出现，因此无形词义基元都属于隐性基元。而有形词义基元则可能以符号的形式呈现在词的结构中，这些属于显性基元。有的则不在词形中出现，属于隐性基元。

需要说明的是，词义基元本身是否有形，跟其是否在词汇中表现为有形是两个不同的概念。比如在"闪婚"一词中，基元簇"Gs[闪电]"[1]在词形中以语素"闪"出现，属于显性基元；而基元"G[速度]"、"G[快]"和"G[似……的]"都不在词形中出现，属于隐性基元。这里的三个隐性基元中，"G[速度]"和"G[快]"都是有形的，而"G[似……的]"是无形的。

四、词族词义基元和个体词义基元

从词义构成的结构，即词义基元的功能角度来看，我们又可以将词义基元分成词族词义基元和个体词义基元两大类。

词族词义基元是指从亲代，即上位词遗传下来的词义基元。词族词义基元是一族词群中各个成员所共有的词义基元，是分辨一族词与另一族词的关键。例如："鸟"、"鱼"、"哺乳动物"共有相同词义基元簇 Gs[自主移动]，是遗传了上位词"动物"的词义基元。所以，这个基元是词族词义基元，它也是区别"动物词族"和"植物词族"的重要特征。

个体词义基元指的是某词区别同一词族中其他兄弟成员的词义基元。虽然"鸟"、"鱼"、"哺乳动物"拥有词族词义基元，但它们各自又有各自的个体词义基元（簇），"鸟"：Gs[有羽毛] ＋ Gs[有翅膀] ＋ Gs[卵生]；"鱼"：Gs[有鱼鳍] ＋ Gs[用鳃] ＋ Gs[水族]；"哺乳动物"：Gs[胎生] ＋ Gs[乳养]。

---

[1]　为方便论述，我们用符号"G[X]"表示一个词义基元，"Gs[X]"表示一个词义基元簇。

五、词义基元的物质载体

语言并非物质，其本身只是一种意识形态，但是语言也具有物质性。虽然语义仅存在于人们的心理认知系统中，并不具备可检测的物质形式，然而，语言作为一种交际符号系统，在其用于人与人之间的信息交流时，必须具有可被人类感官接收到的物理表现形式。这就是语言的语音系统和书写系统，是语言的物质载体，是语言物质性的具体体现。

词义基元均有物质载体，这就是我们描述该基元时所使用的语音和书写符号。这一点跟上文讨论的有形基元和无形基元并不矛盾。有形词义基元具有语形载体这一点毋庸置疑，误解可能会来自对无形词义基元的理解。

事实上，所谓无形词义基元，是指该基元尚无可以直接在词汇的结构上以语音和拼写显示出来的具体符号。但是，人的语言认知系统可以感知到这些基元的存在，并且能用清晰明确的语言符号对其进行表达和描述。用于表达和描述它们的这些符号体系，就是此类基元的物质载体。

因为各语种彼此之间的结构差异，在一种语言中属于无形的词义基元，在另一种语言中则可能是有形的。比如英语中的某些词性基元（如名词词缀"-tion"，"-ness"，"-ment"，"-ship"等）是典型的有形、显性词义基元，可是在汉语中这些基元却是无形、隐性的。

语言本身是一个不断发展进化的生态系统，在发展的过程中，部分的无形词义基元也会逐渐表现出有形。比如汉语中拟态基元"G[似……的]"在大多数情况下是无形、隐性的，但是在"类人猿"、"类风湿"、"类艾滋"等词语中，该基元是有形、显性的：G[类 (like)]。从无形到有形，是词义基元进化的一种表现。

显性词义基元在词的物质外形的线性排列中是有序的，显性基元位置的改变会引起词的发音、拼写甚至语义发生改变，实际上产生了一个新词。显性词义基元的组合有两种结构：依存结构（Dependency Structure）和共轭结构（Conjugacy Structure）。

处于依存结构中的显性词义基元若其次序发生改变，产生的新词跟原词的音、形、义都完全不同，如："奶牛 | 牛奶"、"水井 | 井水"等。而处于共轭结构中的基元，其次序改变所产生的新词主要在音、形方面跟原词相异，而语义

方面一般跟原词是同义或近义的，如"演讲|讲演"、"攀登|登攀"等。还有部分原本处于依存或共轭结构中的基元，一旦次序改变，则会变成另一种结构，其意义当然也会相差甚远，如"车马|马车"、"酒水|水酒"等，其中"车马"、"酒水"是共轭结构，而"马车"、"水酒"则是依存结构。

当然，并不是所有的词都能够通过改变显性词义基元的排列次序来生成新词。无论是依存结构还是共轭结构，都存在着大量基元次序改变不能生成合法词的例子。比如，依存结构中的"木板"、"书桌"、"电灯"等，共轭结构中的"土地"、"岁月"、"医患"等，若改变基元次序变成"板木"、"桌书"、"灯电"、"地土"、"月岁"、"患医"都不是合法词汇。

第四节　词义基元的功能特征

除了少部分基元词外，一个词的意义往往由多个词义基元按照一定的组合规则结合而成。基元组合成词的方式，类似于数学中的函数关系。一个函数式中，有常量和变量。词义函数也是如此。

一、词义基元的功能类型

（一）恒量基元

在对一个词汇子集进行意义描写时，子集内每个词都会共享一部分的词义基元。这部分基元是该子集中每个词都有、完全不变的，这些基元相当于函数式中的常量。我们把这些基元叫作恒量基元。比如，以一个表示"物态变化—温度"词汇子集 {加热，烫$_1$，热$_3$，筛$_2$，暖$_2$，温$_3$} 为例，通过基元提取操作，[1] 我们得到描述这个词集所有词义的结构基元集为：{G[使动]，G[变化]，G[温度]，G[值]，G[大]}，其中，G[使动]、G[变化]就是恒量基元。

（二）变量基元

除了恒量基元外，词义中还有一部分基元因词而异，反映该词词义在某个方面的差异性个体特征。这些个体特征在最小词汇子集中往往呈对称或平行分

---

[1] 具体提取操作过程见第五章。

布。这部分基元相当于函数式中的变量，我们称之为变量基元。如：G[温度]、
G[值]、G[方式]、G[施动对象]、G[程度]。

（三）赋值基元

对任何一个具体的词而言，其词义结构中的变量基元必须取得一个固定的
值。变量基元的取值范围非常复杂，可以是一个复合的基元组合形式（即一个非
基元词），也可以是一个单纯的基元。这些单纯基元往往只用来充当变量基元
的取值，因此可称为赋值基元。如：G[大]、G[小]，它们常常作为 G[数量]、
G[值]、G[程度] 等变量基元的赋值基元。

根据它们在词义结构中的表现，这三种类型的词义基元分别具有其各自独
特的性质。

二、恒量基元的性质

恒量基元构成一个词的理性意义的重要部分，但不一定是最核心的部分。
例如，在上述表示"物态变化—温度"词汇子集中，G[使动]、G[变化] 是这组
词理性意义的重要组成部分，但是仅仅这两个基元根本无法表达它们的理性意义，
还需要加上变量基元 G[温度]、G[值] 以及赋值基元 G[大] 才能表达它们的基
本理性意义。

恒量基元的意义一般比较抽象，常常用来表示整个词的意义类属以及基元
间意义相互作用的某种关系。如 G[变化] 表示意义类属，G[使动] 表示基元的
意义关系。

理论上讲，词汇的聚类方式和聚类能力是无限的。只要具有共同词义基元，
任何一组词汇都可以以该基元为聚类核心，构成一个有意义关联的词汇子集。但
是，在具体的语言运用实践中，以理性意义为核心的聚类，是词汇语义学所要研
究的主要聚类方式。在语言知识本体的层级结构中，通过恒量基元形成的聚类一
般位于比较上位的层级。

三、变量基元的性质

变量基元一般不单独出现，需要搭配其他的基元或基元组合作为其具体取

值才能参与词义的构建。其取值对象可以是赋值基元或基元簇或更大单位的基元组合。因此变量基元的属性由其所能取值的基元（簇）集合的分布特征来决定。

根据其取值集合的范围大小，变量基元可分为限值变量基元和非限值变量基元。限值变量基元的取值范围是有限的，能够充当其取值的词义基元（簇）构成一个有限的封闭集合。比如变量基元"程度"，其取值一般只能是 {G[大]，G[小]，G[高]，G[低]，G[中]}，它们构成一个有限封闭集。而变量基元"颜色"的取值范围为 {G[红]，G[橙]，G[黄]，G[绿]，G[青]，G[蓝]，G[紫]……}。理论上讲，人对颜色种类的感知是无限的，不同颜色之间的边界也是模糊的。而不同语言中表达颜色的语言单位往往比较丰富，这类词甚至具有很强的能产性。比如，汉语中有"青蓝色"、"蓝绿色"、"橙红色"等等。所以这个取值集是一个开放的、能产的集合。

根据其取值集合的分布结构，变量基元可分为对称、对立、平行、级差、离散等五种不同的类型。

对称型变量基元的取值集合包含一对语义相反的基元加上一个语义中性基元构成，构成一种由中性基元为对称轴、两个反义基元为对称点的对称的几何结构。比如对称型变量基元"感情色彩"的取值集合为 {G[褒]，G[中]，G[贬]}，构成一个对称结构。这类基元一般是限值变量基元。

对立型变量基元的取值集合包含一对语义相反的基元（簇）。如："逻辑真值"取值范围为 {G[真]，G[假]}；"性别"取值范围为 {G[男]，G[女]} 等。对立型变量基元也是限值变量基元。

平行型变量基元的取值集合由一组语义互相平行的基元（簇）构成，如上文所述的 G[颜色]；G[物质状态] 取值范围为 {G[固态]，G[液态]，G[气态]}；G[方向] 取值范围为 {{G[东]，G[西]，G[南]，G[北]}，{G[前]，G[后]，G[左]，G[右]}，{G[上]，G[中]，G[下]}，{G[里]，G[外]}}[1] 等。这类变量基元可以是限值的也可以是非限值的。

级差型变量基元的取值集合由一组语义上构成某种连续统的基元（簇）构成。比如 G[温度] 取值范围为 {G[热]，G[温]，G[凉]，G[寒]，G[冷]}；G[年龄]

---

[1]　这是一个复杂取值基元集合，含有嵌套。即该集合本身又由多个子集合构成。每个子集合内的基元其语义是平行的，各个子集之间的语义也是平行的。

取值范围为 {G[老年]，G[中年]，G[青年]，G[少年]，G[儿童]，G[婴儿]} 等。这类变量基元可以是限值的也可以是非限值的。

离散型变量基元的取值集合由一组语义上没有明显结构性分布规律的基元（簇）构成。如 G[工具]、G[形状]、G[路径] 等，其取值基本无法约定，一般由其构词对象而定。这类基元都是非限值基元。

四、赋值基元的性质

赋值基元通过赋给变量基元具体的取值而获得词义构造功能，不能在词义成分中独立存在。

赋值基元对变量基元有强制选择性。一个（或一组语义性质类似）的赋值基元，往往只能为某种特定的变量基元赋值。比如：{G[红]，G[橙]，G[黄]，G[绿]，G[青]，G[蓝]，G[紫]……} 只能为变量基元 G[颜色] 赋值。{G[大]，G[小]} 只能为 G[程度]、G[值]、G[数量] 等变量基元赋值。

赋值基元和变量基元的搭配比较固定，形成的基元组合语义相对稳定，具有活跃的构词能力，往往作为更大的词义构成成分（基元簇）参与词义构建。比如赋值基元集 {G[红]，G[橙]，G[黄]，G[绿]，G[青]，G[蓝]，G[紫]……} 和变量基元 G[颜色] 组合形成的构词基元簇 {Gs[红色]，Gs[橙色]，Gs[黄色]，Gs[绿色]，Gs[青色]，Gs[蓝色]，Gs[紫色]……}。

本章参考文献：

[1] Bloomfield, Leonard. Language[M]. New York: Henry Holt,1933.

[2] Xiao Guozheng, Hu Dan. Semantic Composition and Formal Representation of Synonym Set[A]. Proceedings of the International Conference of Asian Language Processing[C]. Singapore: COLIPS Publications, 2008.

[3][法]A•J• 格雷马斯 . 结构语义学 [M]. 蒋梓骅，译 . 天津：百花文艺出版社，2001.

[4] 冯志伟 . 自然语言的计算机处理 [M]. 上海：上海外语教育出版社，1996.

[5] 贾改琴，邹崇理.形式语义学和汉语语义研究 [J].贵州社会科学，2009（8）.

[6] 贾磊，杨忠.西方的词汇语义学理论 [J].外国问题研究，2013（3）.

[7] 贾彦德.汉语语义学 [M].北京：北京大学出版社，1999.

[8] 李可胜.语言学中的形式语义学 [J].中国社会科学院研究生院学报，2009（3）.

[9] 束定芳.认知语义学的基本原理、研究目标与方法 [J].山东外语教学，2005（5）.

[10] 束定芳.现代语义学的特点与发展趋势 [J].外语与外语教学，2000（7）.

[11] 涂纪亮.语言哲学名著选辑 [M].北京：生活•读书•新知三联书店，1988.

[12] 王文斌.从词汇学研究走向词汇语义学研究 [J].外语电化教学，2009（2）.

[13][奥] 维特根斯坦.逻辑哲学论 [M].郭英，译.北京：商务印书馆，1985.

[14] 文旭匡，方涛.当代语义学理论述评 [J].福建外语，1998（1）.

[15] 伍铁平.语言学是一门领先的科学 [M].北京：北京语言学院出版社，1994.

[16] 萧国政，胡惮.信息处理的汉语语义资源建设现状分析与前景展望 [J].长江学术，2007（2）.

[17] 萧国政.汉语语法研究论：汉语语法研究之研究 [M].武汉：华中师范大学出版社，2001.

[18] 李玉梅.新结构主义观点下的词义网络关系 [J].中国民航学院学报，2005，23（5）.

[19] 徐烈炯.语义学 [M].北京：语文出版社，1995.

[20] 许威汉.训诂学导论（修订版）[M].北京：北京大学出版社，2004.

[21] 于鑫.句子语义结构的研究方法——兼语言的集成描写 [J].俄语语言文学研究，2007（4）.

[22] 邹崇理，雷建国.论形式语义学 [J].重庆工学院学报（社会科学版），2007（11）.

第四章 基元的组合规则与词义的基元结构

对词义的微观结构分析与描述基于两个假设：①词义并不是一个不可分割的整体，而是可以被进一步解构，因为其中存在着一套数量有限的基本语义成分，能够用来表示自然语言中任何词的意义。②这些基本语义成分按照一定的方式排列组合起来，就能构成一个词的词义。但是这种排列组合不是任意的，必须遵循一定的规则。

对于假设①，很多研究都进行过论证。虽然到目前为止，在"这个基本成分集合到底有多大？"、"它是由哪些成员构成的？"等问题上，大家并没有完全达成共识，但是，经过各方的努力，已经形成了一批有很强实用价值的实践成果。我们有理由相信，对这个集合的研究和建设工作将会越来越完美。[1]

本章从语言事实出发，通过揭示词义基元组合成词的规则来对假设②进行论证。

第一节 词义基元组合中的问题

当从原子主义的视角来观察词义时，我们就会发现一些很有意思的问题，正如在显微镜下观察一片雪花，我们看到的是另一个美丽的世界。这些问题，在传统词义学将词义当作一个整体的视角下常常难以被发现或者容易被忽视。

---

[1] 本书将在下一章专门探讨提取语义基元的方法和操作流程。

一、词义基元的组合限制

从结构上来看，一个词的词义是由若干个词义基元组合而成的，这些词义基元来源于一个有限的基元集合。那么，集合内的任意两个或多个基元能否自由组合？

观察发现，事实上任意两个基元并不能够随意搭配，而是受一定规则的制约。比如性别基元 G[性别] 只能跟表示生命体（或生命体的器官）的基元或基元簇搭配，构成新词，如"雄蜂"、"雄蕊"、"雌花"等；倘若跟 G[时间]、G[空间] 等非生命基元结合则毫无意义。这是由组合对象的概念意义所决定的。有时候这种搭配限制会影响到两个以上的基元。G[性别] 是一个变量基元，一般需要跟赋值基元共同使用，这个赋值基元的取值范围只能是 {G[雄]，G[雌]、G[男]，G[女]}。但是，当 G[性别] 的搭配对象表示人类的基元或基元簇时，它的赋值基元的取值必须强制选择 {G[男]，G[女]}；当它的搭配对象表示非人类的其他生物的基元或基元簇时，其赋值基元则必须取值强制选择 {G[雄]，G[雌]}。

又如，表示程度的基元簇 Gs[程度 (很)] 可以跟描写性的词义基元如 G[大]、G[小] 或评价性词义基元 G[好]、G[坏] 组合，却不能跟指称性的基元如 G[事]、G[人] 组合。这是由组合对象的语法意义所决定的。

再如，G[不] 和 G[非] 都是表示否定的词义基元，G[不] 只能与动作基元如 G[来]、G[去] 或描写基元如 G[长]、G[短] 或评价基元如 G[好]、G[坏] 组合而不能与指称基元如 G[事]、G[人] 组合；G[非] 的情况则正好相反，只能与指称基元组合，而不能与动作基元、描写基元或评价基元组合。这是由组合对象的语法属性以及组形规则共同决定的。

在词义层面，这些基元的组合规则，在很大程度上跟句法语义层面词与词之间的组合规则是相通的。语言是一个全息系统，（钱冠连，2003）不同层次的语言单位在不同的运作层面遵循着统一的系统规则。

这些现象表明，有些词义基元之间是互斥的，而有些是相容的。相容的基元之间，其相互之间的吸引力也有强有弱。深入揭示这些规则，可以作为基元组合公理指导人和计算机进行语义推理和语言生成。

二、词义基元的组合次序

基元 / 簇的组合是否有序？

两个或多个词义基元（或固定基元簇）在合法的前提下进行组合，将会得到一个新词。众所周知，语言的意义是平面的甚至是立体的，而形式却是线性的。既然是线性的，那么，就存在组合成分的次序问题。事实上，基元 / 簇组合次序的变化可能会导致三种不同的结果。

（一）组合次序变化不影响所生成新词的语义

比如：Gs[山] 和 Gs[河] 这两个基元簇组合可生成两个新词"山河"、"河山"，其词义相同。其他例子还有"演讲 | 讲演"、"察觉 | 觉察"、"攀登 | 登攀"、"代替 | 替代"等。这种现象主要发生在两个组合基元其语义本身处于同义或类义关系的情况里。

传统的词汇学中把这样的词称为"等义词"。等义词是同义词的一种特殊情况，它们的意义完全相同并且表示同一概念，也称作绝对同义词。（张永言，1982）周祖谟（1956）认为构成成分相同，但前后顺序不一样的同义词一般都是等义词，个别除外，如"动摇"、"摇动"等。关于什么是等义词，语言学界一直颇有争议。黄伯荣、廖序东（1997）等认为等义词是理性意义与附加意义都全等无别，可以互换而不影响表达的词。侯敏（1991）认为"等义词不仅所有的义项都相同，而且所有的附加意义（即语体意义、感情意义、风格意义、时代意义、地域意义、语法意义）也都相同，可以无条件互换"。张志公（1982）则认为等义关系的词意义几乎完全相同，所指称的事物或现象相同，不过使用起来在风格、情趣、色彩等附带因素方面有点区别。也有学者认为，语言中根本没有等义词。（叶根祥，1988）

其实，即使如我们这里所列举的严格意义上的同素异序的等义词，虽然在语言现实中确实是存在的，但是，即使是在共时语境下，它们的分布频率还是存在着显著的差异。我们分别在北京大学 CCL 语料库、国家语委现代汉语语料库、中国传媒大学有声媒体语言文本语料库，以及通过 Google 在整个互联网中对以上词语进行检索，[1] 得到以下分布结果，见图 4-1。

---

[1] 获取数据的检索时间为 2014 年 7 月 9 日。

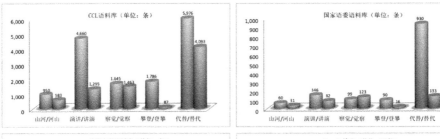

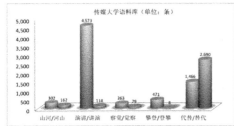

图 4-1　五组等义词在语料库中的分布

　　从语言经济性角度来看,这实际上是语言中的一种冗余现象。随着时间的推移,这两个同义词,其中一个的使用频率会逐渐增加已取代另外一个。这从北京语言大学现代汉语词汇历时检索系统对这些词的历史频率统计中可见一斑,见图4-2。

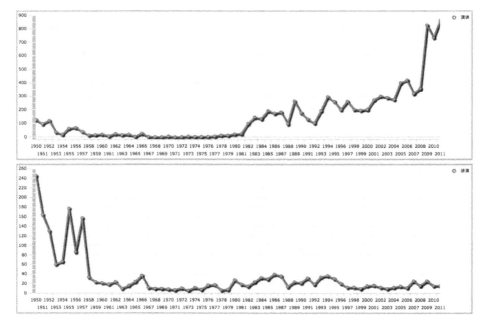

图 4-2　"演讲"、"讲演"在历时语料中的分布变化趋势

（二）组合次序变化生成不同的新词

比如 Gs[牛]＋Gs[奶] 组成两个词义完全不同的新词"牛奶"和"奶牛"。其他例子还有"井水 | 水井"、"机电 | 电机"、"房门 | 门房"、"马车 | 车马"、"酒水 | 水酒"等。这种现象，主要是由两个基元之间语义依存关系的改变而导致的。

（三）组合次序发生变化产生的新的基元序列不能成词

比如 Gs[木]＋Gs[板] 只能组合成"木板"，"板木"则不是合法词。这样的例子大量存在。

以上所讨论的词义基元 / 簇是显性的。这些显性的基元 / 簇不但具有语义，而且还具有语形，它们以语素的形式存在，在构成新词意义的同时，还参与新词词形的构成。事实上，并不是所有的词义基元都是显性的。比如，"水"这个词的语义构成中，含有"液体"这个词义基元。这个基元，在构成该词的所有词义基元序列中并无固定的位置。因此，我们可以说，显性词义基元在组合构成新词时是有序的，而隐性基元则是无序的。对于词义描写而言，我们需要深入揭示显性基元的组合次序规则。

三、基元共享与词义聚类

如前所论，理论上讲概念和词是无限的，而词义基元是有限的。这意味着必然有很多词需要共享一部分词义基元。比如在同一个语义场中，下位词一般会共享上位词的所有词义基元，同义词、近义词与类义词会共享部分词义基元，如下表 4-1。每一纵列的词和每一横排的词，都共享有部分的词义基元，其中，各纵列的第一个词，其所有的词义基元全部被其下各词共享。

表 4-1　词义基元的共享

	牛	羊	马	猪
通　称	cattle	sheep	horse	swine
雌性	cow	ewe	mare	sow
雄性	bull	ram	stallion	boar
阉割的	steer	wether	gelding	barrow

相对于线性组合而言，词的聚合自由度要高得多。只要是共享有一定的词义基元，任何一组词都可以形成聚类，一般不会受到其他条件的限制。所谓语义场，就是由这样一组具有某些相同词义基元的词聚合而成的词汇集。

一个词往往包含多个词义基元，以其中任何一个基元/簇为核心，都可以跟共享该基元/簇的一组词形成聚类。语义场只是词义聚类的最简单的一种方式，两个基元/簇分别在在两个维度上形成聚类的几个语义场可以构成一个整齐的词汇矩阵，见表 4-1，分别以多个语义基元/簇在多个维度上形成聚类的若干个语义场构成一个复杂的词汇网络。

第二节　词义基元的遗传与重组

词义基元具有继承性。在一个词汇家族内，上、下位词通过义征特殊的方式共享语义基元：上位词的所有基元全部被下位词继承。下位词获得这些遗传的基元后，再跟一部分代表其个体特征的词义基元进行重组，形成自己完整的词义。

一、词义基元的继承性

词义是由个体词义基元和词族词义基元组合而成，其中，词族词义基元是词义遗传基元。在一个词族中，基元遗传是词义基元的主要运作方式，但是仅有遗传是不能构成新的词义的。因为遗传只能使同一词族的各个成员拥有完全相同的词义基元而不能彰显成员间的差异。所以，词族词义基元还得和其他词义基元，即个体词义基元进行重组。同一词族中的各个成员之所以不同完全取决于个体词义基元。由于词族词义基元和个体词义基元的重组，新词才不同于它的上位词和邻位词。经过基元的遗传和重组，新词的词义得以形成。

遗传过程中，一个词的词族词义基元和个体词义基元都会全部传于其下位词。也就是说，上位词的个体词义基元也会传于其下位词，并且在新的词族最小对立对中充当词族词义基元。词义基元的运作机制可显示为图 4-3。（胡惮等，2011）

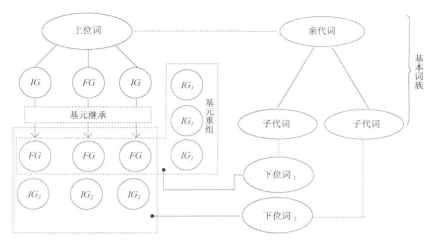

注：FG代表词族词义基元；IG：代表个体语义基元。

图4-3 词义基元的运作机制

既然上位词的所有词义基元在遗传时都会传于其下位词，我们可以把它们当作一个基元簇。在词汇系统的演化过程中，一个词的所有基元将会石化成一个固定的基元簇传于其下位词，当该基元簇结合了下位词的一些个体词义基元后，就产生一个新词。这种基元簇是一个词族最小对立对所共有的。遗传时，基元簇越变越大。所以，词汇语义层级树中，一个词的级别越低，它从其上位词中获得的基元越多，它的内涵就越大，因而表示的意义越具体。

总的来讲，一个词的词义基元构成，可以用公式1表达如下：

公式1：$S_w = (FG_1 + FG_2 + ... + FG_n) + (IG_1 + IG_2 + ... + IGn)$

在构建词义知识库时，我们把整个词汇系统当作一个整体，一个群一个群描写词的意思。没描写的新词只需指出它的个体词义基元，因为它的词族词义基元已经在其上位词中进行了描写。当处理这个新词时，计算机会设定成自动重组其个体词义基元和词族词义基元。上位词中的所有词义基元，包括上位词的个体词义基元和词族词义基元，会当作固定的基元簇进行处理。因此，公式1可以简化成公式2：

公式2：$S_w = S_{(hypernym)} + (IG_1 + IG_2 + ... + IGn)$

词义基元通过遗传构成新词的方式可分为单上位遗传和双上位遗传。所谓单上位遗传，是指一个新词的词义核心基元只来自于一个单一的上位词，其他的属性基元来自于因语言环境影响所产生的属性基元。比如，"水"的词义基元构成为：

【水】Gs[液体] ＋ Gs[G[颜色] ＋ G[无]] ＋ Gs[G[味道] ＋ G[无]] ＋ Gs[G[气味] ＋ G[无]] ＋ Gs[G[用途] ＋ G[饮]] ＋ Gs[G[存在于] ＋ Gs[雨]][1]

虽然这个词的词义基元结构十分复杂，但只有其义类基元 "Gs[液体]" 是从其亲代词 "液体" 遗传获得的，其他属性基元都不是通过遗传获得。因此这个词只有一个亲代词，属于单上位遗传词。

所谓双上位遗传，是指一个新词的意义核心，即词义核心基元来自于两个亲代概念，其他的基元来自于因语言环境影响所产生的属性基元。比如，"酒水"的词义基元构成为：

【酒水】Gs[Gs[饮料] ＋ Gs[酒] ＋ Gs[水]] ＋ Gs[G[用途] ＋ Gs[招待]]

这个词的义核基元分别来自两个亲代词 "酒" 和 "水"，[2] 因而是双上位遗传词。改变这个词的显性词义基元的排列次序得到另一个词 "水酒"，其词义基元构成也发生了改变：

【水酒】Gs[酒] ＋ Gs[G[浓度 ＋ G[似……的] ＋ Gs[水]]

这个词的义类来自于亲代词 "酒"，义核来自于另一个亲代词 "水"，也是双性遗传词。虽然 "酒水" 和 "水酒" 两个词拥有共同的显性基元，来自于共同的亲代词，但它们的显性基元排列次序不同，受环境影响而得到的义征、义用属性基元也完全不同，导致其语义结构迥异，因而是两个语义完全不同的词。

二、词义基元重组的结构类型

一般而言，任何语言的词汇系统中不会存在两个语义完全等值的词。即使是等义词之间，相同的部分只是其义类基元和义核基元，其义征基元或义用基元总会存在或大或小的差异，在语言的运用中表现为词在不同特征维度上的语义属

---

[1]　根据《现代汉语词典》、《柯林斯高阶英语词典》、《牛津高阶英汉双解词典》等权威词典归纳。

[2]　也可以理解为其义类基元来自于其两个亲代的共同亲代 "饮料"，即其祖代，属于隔代遗传。

性差异。这是因为在新词产生的过程中，其同代词在从同源亲代词通过遗传获得相同基元的同时，有不同的个体词义基元加入，与来自亲代的遗传基元进行重组。

词义基元重组时遵循一定的结构规律。以二分论的哲学观点来看，词义基元的组合过程一般是两个基元先组合成簇，基元簇又可作为一个结构单位跟一个新的基元或基元簇再组合。可表述为：

（1）（（G ＋ G）＋ Gx））＋ ...

（2）（（Gs ＋ G）＋ Gx））＋ ...

（3）（（Gs ＋ Gs）＋ Gx））＋ ...

其中，Gx 既可以是词义基元 G，也可以是基元簇 Gs。

从其组合的语义关系来看，两个词义基元单位（基元 G 或基元簇 Gs）之间的结构有两种：共轭结构（Conjugacy Structure）和依存结构（Dependency Structure）。

（一）共轭结构（Conjugacy Structure）

词的语义结构中，两个属性相同、语义相近或相类的基元单位（基元 G 或基元簇 Gs）以并列的、无主次关系的方式相结合所形成的语义的结构称为共轭结构。处于共轭结构中的两个基元单位称为共轭基元簇（Conjugacy Semantic Primitive Cluster）。

有些共轭基元簇可以单独成词，称为基元共轭词（Conjugacy Primitive Word）。这类词的显性的、表达其核心概念意义的词义基元由处于共轭关系的两个基元单位构成。基元共轭词的语义往往并不等同于其两个共轭成分语义的简单相加，一般还要加上其他隐性的、不通过语形表现出来的属性基元。如："道路"、"泥土"、"门窗"、"斗争"、"裁判"、"研究"、"鲜艳"、"丰富"、"美丽"等。这些词的核心概念意义基本上相当于其两个语素所代表的结构基元簇的语义相加，但是在词的基础上分别加入了不同的义征或义用基元。

除了能独立成词的共轭基元簇外，共轭结构还普遍存在于词的隐性属性基元中。一个词的语义，除了表达核心概念的义类和义核基元模块外，往往还包括一个或多个表达不同维度属性意义的义征和义用基元。每一个属性维度上的基元组合成簇，一个词有多少个维度的属性意义，就有多少个属性基元簇。这些属性基元簇在表达该词的属性意义时，并无主次关系。因此，这样的两个或多个基元簇之间的结构关系也是共轭关系。例如，在"水"的基元结构中，包括五个隐性义征基元簇：表达其颜色属性的基元簇"Gs[G[颜色] ＋ G[无]]"、表达其味道属性的基元簇"Gs[G[味道] ＋ G[无]]"、表达其气味属性的基元簇"Gs[G[气味] ＋ G[无]]"、表达其用途属性的基元簇"Gs[G[用途] ＋ G[饮]]"，以及表达其存在处所属性的基元簇"Gs[G[存在于] ＋ Gs[雨]]"。这五个基元簇共同表达"水"的属性基元，缺一不可。它们彼此之间地位平等，没有线性的次序，是典型的共轭关系基元簇。

显性的共轭基元簇，其排列方式是一维线性的，而隐性的共轭基元簇是二维平面的。一般而言，分布于二维平面中的隐性的共轭基元簇其排列次序是无序的，也就是说位置的改变不会影响到词的语义。而分布在一维平面中的显性的共轭基元簇的排列次序，存在三种情况：

（1）逆向排列不影响词义，如上文中所举的例子："山河 | 河山"、"演讲 | 讲演"、"察觉 | 觉察"、"攀登 | 登攀"、"代替 | 替代"等。

（2）逆向排列打破基元簇的共轭结构，生成意义完全不同的新词。如"车马 | 马车"、"酒水 | 水酒"、"门窗 | 窗门"、"笔墨 | 墨笔"等。

（3）逆向排列不能生成合法新词。如："岁月 | 月岁（?）"、"师生 | 生师（?）"、"道路 | 路道（?）"、"泥土 | 土泥（?）"等。事实上，显性基元簇次序颠倒后还能成词（无论其语义改变与否）其数量都是十分有限的。比如在收词 6 万多条的《现代汉语词典》中收录的此类词仅有 700 多组。

归纳起来，我们可以得到这样一条汉语词汇语义结构的普遍规律：一个基元共轭词，如果其处于共轭结构中两个词义基元单位改变排列次序后依然能保持共轭关系，并且生成一个词形合法的新词，那么这两个词的核心语义相同，是同义词。有一部分这样的共轭词，甚至其义征和义用基元也基本相同，反映了他们在各个维度上语义属性也接近相等。这样的词属于等义词。不过，在任何语言中，等义词都是比较特殊的个别现象。大部分的共轭词，存在义用基元差异。比如"打击"和"击打"，是同义词，但其语用属性有差异。打击的受事即可以是具体对象也可以是抽象对象，更倾向用于抽象对象，比如"气焰"、"士气"、"情绪"、"积极性"等等；而"击打"的受事只能是具体对象。

（二）依存结构（Dependency Structure）

词的语义结构中，两个词义基元单位（基元 G 或基元簇 Gs）以主从关系的方式相结合所形成的语义的结构称为依存结构。处于依存结构中的两个基元单位称为依存基元簇（Dependency Gene Cluster）。这两个基元单位其中一个处于核心地位，控制词义的特征属性维度；另一个处于从属地位，控制属性变量在该维度上的具体取值。二者通过某种语义依存关系结合在一起，如施事（agent）、受事（patient）、内容（content）、数量（quantity）、属性（Attribute）、频率（frequency）等。郭江等（2011）归纳了汉语中的语义依存关系，共有 119 种，如表 4-2 所示。

表 4-2　语义依存关系表

主语义角色（20 种）	
主体语义角色	施事，经验者，致事，领有者，存现体，整体，关系主体
客体语义角色	类指，内容，占有物，受事，部分，损益者，参照体，相伴体，依据，原因，代价，范围，关于
辅助语义角色（35 种）	
时间类	时段，终止时间，起始时间，时间点，时间状语
空间和状态类	终处所，原处所，通过处所，终状态，原状态，方向，距离，状态，处所
连动，方式，状态类	伴随，连续，程度，泛指频率，工具，材料，手段，角度，动量，顺序，否定，总括，情态，强调，方式，体，插入语
其他	助词方位词连词，介词，标点符号，根
定语语义角色（48 种）	
直接修饰类	领有者，材料，类别，成员，内容，事域，名量，数字，指量，指示，顺序，序数，宿主，时间短语修饰语，地点短语修饰语，机构短语修饰语，属性，限定
动词修饰名词	主语义角色＋修饰类，如：反施事，反受事，反领属者
名词谓语	主语义角色＋修饰类，如：间接施事，间接受事，间接对象
句法语义角色（16 种）	
原因，让步，假设，并列，选择，递进，除外，顺承，目的，措施	

这项研究主要立足于句子中词与词之间的语义依存关系。我们已经讨论过，语言系统是一个全息系统，所有这些句子层面的词际语义关系，其中大部分也适

合词汇层面的词义内部基元之间的依存关系。

有些依存基元簇可以单独成词，称为基元依存词（Dependency Gene Word）。这类词显性的、表达其核心概念意义的词义基元由处于依存关系的两个基元单位构成。这类词在汉语中数量众多，如："人流"、"高山"、"小说"、"汉字"、"公牛"、"红色"、"倾销"、"人员"、"羊群"、"花朵"、"房间"、"司法"、"管家"、"扫地"、"投资"、"动员"、"拔河"、"挂钩"、"嘴馋"、"民主"、"肉麻"、"眼熟"、"自动"、"心慌"、"海啸"等等。

除了广泛存在于基元依存词的显性基元结构中外，依存结构还普遍存在于词的隐性属性基元中，是词的属性基元簇的基本构成模式。如前所述，一个词的个体化词义属性，是词义在某一属性维度上的不同取值，是由词的属性基元（簇），即义征或义用基元簇控制的。这样的一个属性基元簇，一般需要一个属性维度基元单位和一个属性取值基元单位构成。这两个基元单位的语义之间有主从地位的差异，构成一个基元依存结构。

我们还是以"水"的词义基元结构为例，在它的每个隐性义征基元簇中，两个基元单位的关系如下表 4-3 所示。

表 4-3 "水"的基元结构

属性	基元结构	核心基元（属性维度）	从属基元（属性取值）
颜色	Gs[G[颜色] ＋ G[无]]	G[颜色]	G[无]
味道	Gs[G[味道] ＋ G[无]]	G[味道]	G[无]
气味	Gs[G[气味] ＋ G[无]]	G[气味]	G[无]
用途	Gs[G[用途] ＋ G[饮]]	G[用途]	G[饮]
处所	Gs[G[存在于] ＋ Gs[雨]]	G[存在于]	Gs[雨]

这跟我们在第三章中讨论的变量基元与赋值基元之间的关系是一致的。赋值基元一般要求和变量基元同现，组合成基元簇。它们之间的关系是典型的依存关系。

第三节 词义的基元结构模块

传统的词汇语义学认为，词的意义由理性意义和色彩意义构成。其中色彩意义又包括感情色彩义、雅俗色彩义、古今色彩义、时代色彩义、地域色彩义等，属于词的附加意义。在此基础上，对词义成分的认识派生出多种说法。苏新春（2008）指出"现代词义理论中的概念义、感情义、语体义、中心义、边缘义、搭配义、组合义、抽象义、具体义、固定义、临时义、独立义、结构义等，都从不同的方面揭示了词义的某种成分或属性"。Leech（1974）曾经将意义划分为七种不同的类型：理性意义（conceptual meaning）、内涵意义（connotative meaning）、社会意义（social meaning）、情感意义（affective meaning）、联想意义（reflective meaning）、搭配意义（collective meaning）、主题意义（thematic meaning）。这些理论，有助于我们了解词义的性质，认识词义的不同交际功能，但并不能揭示词义的内部结构成分及其结构规则。

研究发现，一个词的词义，一般由四个模块构成，即义类（Semantic Type）、义核（Semantic Core）、义征（Semantic Attributes）和义用（Pragmatic Attributes）。

一、义 类

义类是指一个词所代表的概念所属的语义类别。

人脑对概念的认知不是孤立的。在人的认知系统中，每个概念都会和其周边的概念建立某种联系，形成一个复杂的概念网络。概念与概念之间存在多种语义关系，其中上下位类属关系是一种最基本的关系。当我们认知或者定义一个新的概念时，往往会以其上位概念作为基点，套用"A 是一种 B"的范式。比如"鸡是一种家禽"，"家禽是一种动物"，"动物是一种生物"。通过这种范式，我们可以对新概念的语义形成初步的基本认知。当然，这个认识还是比较模糊的。然后，我们在此基础上通过逐步增加对该概念个性化特征的认知，最后完成对其语义的完整、精确建构。

这种认知机制投射到语言层面，就是词义的解构与习得过程。因此，对词义的结构描写，首先离不开其所属的上位语义类别。用来表示一个词所在语义类的词义结构基元（簇），就是它的义类模块。

在本体型（ontology）词汇语义知识库中，语义树的上层节点代表的就是预先规定的语义类别。不同学者建构的语义树其上层节点有所不同，反映了研发者设计该资源的整体哲学思想。

在本课题所研发的概念语义词网中，我们定义了八个顶层语义节点，分别是：人、物、事、群体、时空、运动、形状、关系，每个节点下设若干层子节点。比如"人"这个节点以下的子节点如图4-4所示。

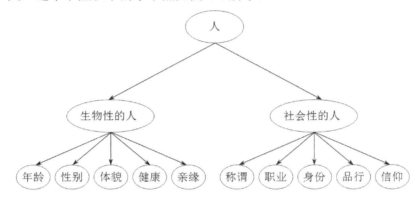

图4-4　"人"的概念子节点

而北京大学的语义词典名词语义分类树中，定义了四个顶层节点：事物、过程、时间、空间。其中"事物"分"具体事物"和"抽象事物"两个子节点，"具体事物"子节点下涉及"人"的部分子节点展开如下图4-5所示。[1]

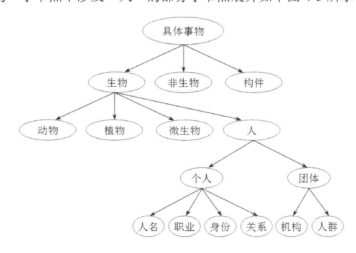

图4-5　北京大学语义词典名词语义分类树部分节点

---

[1]　参见北京大学现代汉语语义词典：http://ccl.pku.edu.cn/ccl_sem_dict/973_beida_sem_classification.txt。

这些节点，都可以作为义类。也就是说，义类可大可小。一般而言，可视需要描写的词的具体情况，选取最靠近它的中上层节点的语义作为其义类。比如在图 4-5 的分类树中，"教师"一词位于"职业"节点下，则可以用该节点的语义作为其义类，基元表达式为 G[职业]。

二、义　　核

义核指处于同一义类节点下的一组类义词彼此之间互相区别的典型意义成分。

比如，"教师"、"农民"的义类都是"G[职业]"，但分属不同职业，二者彼此区别的典型意义成分在于其职业的种类不同。那么对其职业种类具体描述的词义基元（簇），为其义核基元。"教师"的义核基元簇为"Gs[教学]"，"农民"的义核基元簇为"Gs[农业生产]"。

构成义核的词义基元，是一个词的核心基元，和义类基元一起构成词的概念意义。义核模块是词的概念意义中最核心的部分。在一个同义聚类的最小词汇子集（代表着一个最小同义义场）中，所有的成员共享一个共同的义核模块。也就是说，义核模块是同义聚类的聚类核。对两个相邻的最小词汇子集而言，它们共享一个共同的义类模块，而拥有各自不同的义核模块，所以义核模块代表最小相邻词汇子集彼此相区别的个性化语义特征。因此，对义核模块的提取，我们一般以同义聚类的最小词汇子集为单位，并对照其相邻子集进行考察和分析。

下面以一个表示"物态变化—温度"词集中的四个最小子集① { 加热 }、② { 烫 $_1$ }、③ { 热 $_3$，筛 $_2$ } 和④ { 暖 $_2$，温 $_3$ } 为例加以说明。

词义结构变量基元代表词义在某一个维度上的某种特征。在词义的结构描写中我们需要区分不同的情况，即该词是否有该语义维度的特征要求？如果有，那么这个具体的要求是什么？这两个问题，分别对应着变量基元的两种不同的取值方式。对于第一个问题，取值只有两种：G[有定] 和 G[无定]。对于有定取值，需要进一步明确其具体的值，这样就可以回答第二个问题。词义的维度没有统一的、具体的规则，因词而定。在词义结构描写中，对任何变量基元而言，我们约定"无定"为其缺省取值，一般不需要表示出来（跟"有定"取值进行对比分析的场合除外）。

观察上述四个子集发现，子集②③④分别在"方式"、"对象"、"程度"三个维度上有专门要求，则这三个变量基元及其取值的函数式分别为：方式(x)、对象(x)、程度(x)。子集①没有这三个维度上的语义特征要求，这三个变量基元取值都是无定的。因此四个子集的义核模块包含的词义基元为：

子集①：G[使动] ＋ G[温度] ＋ G[值] ＋ G[大]

子集②：G[使动] ＋ G[温度] ＋ G[值] ＋ G[大] ＋ G[方式] ＋ G[有定]

子集③：G[使动] ＋ G[温度] ＋ G[值] ＋ G[大] ＋ G[对象] ＋ G[有定]

子集④：G[使动] ＋ G[温度] ＋ G[值] ＋ G[大] ＋ G[程度] ＋ G[有定]

三、义征与义用

如上所述，在一个同义聚类的最小词汇子集中，所有成员共享相同的义类与义核模块。但是，任何语言中都不可能存在两个意义完全等同的词，因此这些成员词彼此之间必然还存在着某些维度上的语义差异。这些差异，就通过义征模块与义用模块来体现。

义征模块是指在一个同义聚类的最小词汇子集中，一个词区别于其他词的、表达该词所代表的概念在某个语义维度上的区别性特征的词义结构成分。义征模块也是传统词义学中所说的概念意义的结构单位。如上例中的子集②③④中各成员的义征模块包含的词义基元分别为：

子集②：【烫$_1$】：G[方式] ＋ G[接触]

子集③：【热$_3$】：G[对象] ＋ G[食物]

　　　　【筛$_2$】：G[对象] ＋ G[酒]

子集④：【暖$_2$】：G[程度] ＋ G[中]

　　　　【温$_3$】：G[程度] ＋ G[微]

义用模块也是一个同义聚类的最小词汇子集中，一个词区别于其他词的词义结构成分。但是义征不是概念意义层面的，而是代表该词在运用中的一些附加限制条件在语义层面的投射。比如，传统词义学中所说的色彩意义就属于义征成分。

我们以同义词集 { 游客，游人 } 为例说明其词义基元结构的分析过程。

"游客"、"游人"都是指观光旅游的人，这是对人的社会属性的一种指称，表明社会人的一种身份。这两个词处于概念节点"身份"之下，因此，它们的义类都是"Gs[身份]"。

明确了义类，接下来需要将它们与该义类中其他类义词区分开来，即明确其具体的义核。"游客 | 游人"是观光旅游的人，即"旅游活动的主体"，所以其义核基元包括：G[主体] ＋ G[活动] ＋ [旅游]。

这两个词本身还有区别，"游客"带"亲切、和蔼"的语气，这是一种语义特征，"游客"则不带语气，这是义征上的区别。用法上也有不同，"游客"常用于口语，作为面称用语；"游人"多用于书面语，不可用作面称，这是义用方面的区别。这两个词的完整词义结构包含的基元为：

【游客】Gs[身份] ＋ G[主体] ＋ [G[活动] ＋ Gs[旅游]] ＋ [G[语气] ＋ Gs[亲切]] ＋ G[口头语] ＋ G[面称]

【游人】Gs[身份] ＋ G[主体] ＋ [G[活动] ＋ Gs[旅游]] ＋ G[书面语]

第四节　词义基元与构词

一、词义基元异动与词义变异

语言是一个不断发展进化的系统，词一旦形成，并不意味着其意义就固定下来了。词义会在语言运用和发展的过程发生变异，这种变异的发生，有历时过程的，也有共时平面的。

比如汉语中词"闻"，因含有基元簇 Gs[耳]，最早的含义是"用耳朵去感知声音"；现在该词的意思则演变成"用鼻子去感知气味"，其中基元簇 Gs[耳] 消失了，却增加了新的基元簇 Gs[鼻]。这是历时过程中的词义变异。英语中的词"read"本义指"用眼睛接收书面（文字）信息"，可是在用对讲机通话的时候，人们常说"Can you read me？"，这里"read"的含义却是"用耳朵接收言语信息"。这是共时平面的词义变异。

既然词的意义是由词义基元组合而成的，那么，词义变异必然涉及词义基元。

从外部环境来看，词义的变异是由社会、文化、历史等因素对人类交际需求产生的影响而导致的。而从语言系统本身的结构来分析，词义的变异是由于词义基元的异动而产生的。词义变异可分为以下四种情况。

（一）词义扩大

词义扩大是指词义范围的扩大，亦即其所代表的概念外延的扩大。扩大的原因是词的部分词义基元被抛弃所导致的。词义的范围是跟构成该词的词义基元数量成反比的，基元越少的词，其词义范围越大、越模糊，其所代表的概念外延也就越大；基元数量越多的词，词义范围越小、越精确，概念的外延也就越小。

一般而言，词义扩大时所丧失的词义基元是其自身的个性化基元，仅保留了从其上位亲代词遗传而来的词族词义基元。也就是说，一个词的词义由下位词变成了上位词。例如：

菜：古汉语中仅指植物性的蔬菜。《说文》："菜，艸之可食者。"现代汉语中"菜"既指能做副食品的植物、蔬菜，也指经过烹调供下饭、下酒的蔬菜，蛋、鱼、肉等。

雄：古汉语中仅指鸟的雄性。《说文》："雄，鸟父也。"现代汉语中指一切能产生精细胞的生物。

匠：古汉语中仅指木匠。《说文》："匠，木工也。从匚，从斤。斤，所以作器也。"现代汉语中指各种有技术的工人。

睡：古汉语中指坐着打瞌睡。《说文》："睡，坐寐也。"现代汉语中既可以指打瞌睡，也可以是卧床睡。

洗：古汉语中仅指洗脚。《说文》："洗，洒足也。"现代汉语中指用水或汽油、煤油等去掉物体上面的脏东西。

江：古代汉语中是长江的专名。《说文》："江，江水也，出蜀湔氐徼外崏山，入海。"《现代汉语词典》中则解释为："大河，如长江、珠江、黑龙江等。"

（二）词义缩小

与词义扩大相对，指词义范围缩小，词所代表概念外延缩小。缩小的原因是在词义中添加了新的基元，使得词义更为精确。原来所具有的词义基元整体退化成了义类基元，新增加的基元补充到了义核、义征或义用部分，这样词义就由上位词变成了下位词。例如：

禽：古代指一切飞禽和走兽。《说文》："禽，走兽总名。"现代汉语中仅指鸟类。

金：古义是五色金属的总名。《说文》："金，五色金也，黄为之长。"后来专指黄金。《现代汉语词典》中解释为"金属元素，赤黄色，质软，延展性强，化学性质稳定，是一种贵重金属，用来制造货币、装饰品等，通称金子或黄金。"金只有在"金属"、"五金"等中才保留其本义。

宫：古代指一切供人居住的房屋。秦以前，论居住者身份贵贱，其所居住的房屋都可以称宫。《说文》："宫，室也。"现代汉语中一般指身份尊贵的特殊人群所居住的房屋，如宫殿、龙宫、雍和宫。另一个义项也指人民活动或娱乐用的房屋的名称，如文化宫、少年宫。

瓦：古代指陶器。《说文》："瓦，土器已烧之总名，象形。"现代汉语中指铺房顶用的建筑材料，一般用泥土烧成。

妃：古代主要指女性配偶。《说文》："妃，匹也。"现代汉语中专指皇帝的妾以及太子、王、侯的妻子。

（三）词义转移

词义的转移指语言中的一些词义，随着历史的发展，其所表示的概念，从一个对象转移到另外一个对象上，有的在实际上已经使词义发生了根本改变，跟原来的词义看不出明显的联系了。发生了词义转移的词，因其所指称的概念已经发生根本变化，所以其词义基元已经发生了彻底的变异，跟原词完全不同，即使还有个别基元保留下来，也仅仅是一些非核心的义类基元。例如：

走：古时指徒步快跑。《说文》："走，趋也。"朱骏声认为，走"与奔同义"。现在"走"的概念已由"跑"转移到"走路、步行"了。《现代汉语词典》中解释为"人或鸟兽的脚交互向前"。走只有在"奔走相告"等中才保留"跑"义。

闻：本指听见。《说文》："闻，知声也。"在魏晋时，"闻"才普遍用于嗅觉。曹丕《与朝臣论稻书》中有"上风吹之，五里闻香"。现在"闻"单用一般表示嗅觉。《现代汉语词典》中解释为"用鼻子嗅"。

粪：古指被扫除的脏土。《论语公冶长》："粪土之墙不可圬也。"后转移为指粪便。《现代汉语词典》中解释为"从肛门排泄出来的经过消化的食物的渣滓"。

汤：古时指滚烫的水。《说文》："汤，热水也。"现在"汤"指以汁水为主的一种食品，如鸡蛋汤、菜汤之类。

史：古时原本指一种文职人员，后来专指记事的人。《说文》："记事者也。"现代汉语中，"史"则主要指历史。

狱：古代汉语中"狱"指诉讼，现代汉语中"狱"指监狱。

兵：古代汉语中"兵"指兵器，现代汉语中"兵"指士兵。

（四）词义的升格与降格

词义升格（elevation/amelioration）指词义从贬义或中性的意义转为表示褒义。词义降格（degradation/pejoration）则指词义从原来表示中性义或褒义转为表示贬义。（张绍全，2010）

词义的感情色彩属于语用属性，由义用基元控制。词义升格或降格的发生是由义用基元变异引起的。比如：

爪牙：本指得力的武臣猛将，含有褒义。《诗经·小雅·祈父》："祈父，予王之爪牙。"《国语·越语上》："然谋臣与爪牙之士，不可不养而择也。""爪牙"与"谋臣"并提，都指治国兴邦的人才。《汉书李广传》中有"将军者，国之爪牙也"，意即将军是国家的爪牙，起防卫国家的重要作用。《现代汉语词典》中解释为"比喻坏人的党羽"。感情色彩变为贬义。

谤：上古指公开指责别人的过失或提出意见，是一个中性词。《战国策·齐策》："能谤议于市朝，闻寡人之耳者，受下赏。"后来"谤"指"无中生有的中伤"，感情色彩变为贬义。

山寨：原指"有寨子的山区村庄"，感情色彩为中性，现在新义指"抄袭、仿造"，如"山寨货、山寨手机"等，贬义色彩明显。

锻炼：古指罗织罪名，陷害好人，为贬义。《后汉书·韦彪传》中有"忠孝之人，持心近厚；锻炼之吏，持心进薄"。《现代汉语词典》中解释为"通过体育运动使身体强壮，培养勇敢、机警和维护集体利益等品德"，有明显的褒义色彩。

乖：原指"偏执、不驯服"，为贬义词；现指"听话，安顺"，为褒义词。

二、词义基元与新词的产生

语言的词汇系统是一个增量的集合，随着人类社会的发展，新的概念不断产生，为了表达思想和交流信息的需要，我们就需要新的语言符号来承载这些新概念，这样一来，词汇系统中新的成员就源源不断的增加。

新词语的增加是语言变化中最为明显的现象，我们仅从英语词典的发展中便可略见一斑。由英国文豪塞缪尔·约翰逊（Samuel Johnson）于 1775 年出版的《英语词典》（*A Dictionary of the English Language*）收录了 43 500 个词条。英国语文学会（The Philological Society）于 1858 年开始筹备词典专业人士精心编纂的《牛津英语词典》（*Oxford English Dictionary*）于 1928 年出齐 12 卷，收录了 414 825 个词条。而 20 卷的《牛津英语词典》第二版于 1989 年出版，收录 50 万个词条。美国《韦氏国际英语词典》第三版（*Webster's Third New International Dictionary*）在 1976 年出版了补编的 6 000 词后，于 1983 年出版了补编 9 000 词，于 1990 年出版了补编 12 000 词。（谢娅莉，2003）一般估计，英语的词汇超过 200 万个，并以每年约 2 000 个新词的速度递增。（杨雪英，2006）2005 年出版的《现代汉语词典（第 5 版）》在第 4 版的基础上增加新词 6 000 余条，2012 年发布的《现代汉语词典（第 6 版）》又增收新词 3 000 多条。

新词一旦产生就不会消亡。诚然，由于旧的概念也会逐渐淡出人们的视野，以及语言系统自身的发展进化，在共时的平面上，一部分旧词汇也会被剔出语言交际系统，但是，它们依然会存在于历时文献中而不会彻底消亡。

一般而言，新词的产生并不是无中生有的，而是在现有词汇系统的基础上，运用合适的语言材料和构词法则构造出来的。词的构成材料，就是词义基元，构词法规则就是基元的组合规则。词义基元是词最小意义结构单位，是词的语义属性（概念意义及附加属性）的控制者，在词汇系统的发展进化过程中，可以由上位词遗传给下位词。一个词的词义，往往可由多个不同的词义基元结合而成，而具有某种共同的词义基元是一组词形成语义场的基础。

一般而言，新词的产生主要有以下几种途径：[1]

（1）新造词：是新词产生的主要途径，通过这种途径产生的新词数量最多。

---

[1]　本节所举例子主要来自《现代汉语词典（第 6 版）》新收词。

随着社会的发展和人类对世界认知的深入，新的事物、新的现象不断地产生和被发现，新的概念不断形成。这些新进入认知系统的对象，在语言层面并没有现存的符号去指称它们，因此就需要创造新词。如："蚁族"、"样板房"、"艳遇"、"易位"、"市盈率"、"召回"、"微博"、"云计算"、"社保"、"医改"、"车贷"、"车险"、"代驾"、"北漂"、"草根"等。

（2）旧词新义：给旧的词形赋予新义。符淮青（2004）认为："形式是旧的，有了新义，新义和旧义有明显的联系，这样的词不是新词……有些词代表新概念，在形式上同历史上曾经出现的词相同，但意义毫无联系，这种词应算新词。"如："变性"、"充电"、"触电"、"对口"、"过敏"、"开放"、"非礼"、"家用"、"空中"、"交互"、"新人"、"蒸发"、"吃素"、"挂牌"、"自慰"等。

（3）外来语引进：在全球一体化的背景下，世界各国在政治、经济、科技、文化、艺术等方面的交往日益频繁，大批外来词迅速涌进汉语中，已经成为现代汉语新词的主要来源之一。这些新词主要通过音译、意译、音译兼意译的方法从西方词语引进，或者直接借日语中的汉字词。如："肉孜节"、"安拉"、"贝斯"、"蛋挞"、"的士"、"好莱坞"、"嘉年华"、"莱卡"、"蕾丝"、"罗姆人"、"奶昔"、"啫喱"、"三文鱼"、"桑拿"、"舍宾"、"斯诺克"、"雅思"、"刺身"、"定食"、"天妇罗"、"榻榻米"、"手账"、"通勤寿司"、"数独"等。

（4）方言词：吸收汉语方言中表意新颖或表达力强的词语进入现代汉民族共同语词汇，以不断丰富自己。文化的多样性和信息的普及化，使得多种方言都有机会进入共同语。如："八卦"、"搞掂"、"狗仔队"、"无厘头"、"手信"、"饮茶"、"短讯"、"智慧产权"、"声押"、"撮火"、"打怵"、"大佬"、"唥瑟"、"拉风"、"老抽"、"力道"、"马仔"、"拧巴"、"死磕"、"速食"、"生抽"等。

（5）缩写词：将一些常用的固定词组简缩成缩略语，以简化语言的表达。缩略词被广泛接受后，渐渐地在语言上就有了词的地位。如："职教"、"自感"、"社保"、"彩屏"、"残奥会"、"春晚"、"独董"、"防暴警"、"副研"、"高铁"、"凸镜"、"小资"、"夜大"、"正高"、"支委"、"执委"、

"智运会"、"中专"、"总编"、"社工"、"身份证"、"世贸组织"、"速滑"、"三险"、"理工"、"医患"等。

从词义微观结构层面看，这些新词产生的途径，也是通过对词义基元的不同操作得到的。

新造词往往会以一个现有的词为蓝本，通过在其语义结构的基础上增加新的词义基元来构造一个新词。这个作为基础的现存的词，是新词的语义亲代词，即其上位词。

比如，"蚁族"一词，就是在已有词"族"（有共同属性的一类人）的基础上，增加词义基元"似……的"和词义基元簇"蚂蚁"构造而成。其他的例子还有：

【愤青】W[青年] ＋ Gs[愤怒] ＋ G[对象] ＋ Gs[社会][1]

【闪婚】W[结婚] ＋ G[速度] ＋ G[快] ＋ G[似……的] ＋ Gs[闪电]

【高管】W[管理人员] ＋ Gs[地位] ＋ G[高]

【房贷】W[贷款] ＋ G[目的] ＋ Gs[购买] ＋ Gs[房子]

旧词新义属于词义变异，原词中的所有或大部分词义基元都被抛弃，取而代之的是表达新概念所需的词义基元；外来语借用的词中，音译词跟日语汉字词所有词义基元全部新造，跟词形本身的语素原有的词义基元基本上没有关系，意译词的词义则基本上由其语素本身的词义基元组合而成，音译结合词则由表意语素的词义基元加上部分新基元组合而成；方言词只是地位发生了改变，从部分群体用语进入民族共同语，词义基元没有变化；缩写词只是词形发生了改变，词义基元也没有发生变化。

本章参考文献：

[1] 符淮青 . 现代汉语词汇 [M]. 北京：北京大学出版社，2004.

[2] 郭江，车万翔，刘挺 . 汉语语义依存分析 [J]. 智能计算机与应用，2011（2）：58-62.

[3] 侯敏 . 试论等义词及其规范问题 [J]. 语文建设，1991.

---

[1]　符号代表的意义说明：W 表示现有的词，G 表示新增的基元，Gs 表示新增的基元簇。

[4] 胡惮, 高精鍊, 赵玲. 语义基因与词义结构的形式化表达初论 [J]. 长江学术, 2011（4）.

[5] 黄伯荣, 廖序东. 现代汉语·上册 [M]. 北京：高等教育出版社, 1997.

[6] 钱冠连. 语言全息论 [M]. 北京：商务印书馆, 2003.

[7] 叶根祥. 语言中实际并没有"等义词" [J]. 北京联合大学学报, 1988（1）.

[8] 张绍全. 词义演变的动因与认知机制 [J]. 外语学刊, 2010（1）.

[9] 张永言. 词汇学简论 [M]. 武汉：华中工学院出版社, 1982.

[10] 张志公. 现代汉语·上册 [M]. 北京：人民教育出版社, 1982.

[11] 周祖谟. 汉语词汇讲话 [J]. 语文学习, 1956（2）.

第五章　词义基元的提取及其形式化描述

　　词义基元是描述词义微观结构的基础材料，因此提取词义基元是整个工程的第一步。概念是无限的，而组成概念的基元是有限的。这是大家普遍的共识。有些语义基元是跨语言存在的，比如威尔茨贝卡归纳的 60 个语义基元，是从 30 多种语言中提取出来的被这 30 多种语言普遍共享的。

　　不同学者从不同的研究视角出发，得到了各自的基元词集。这些集合所包含的成员（基元）各不相同，集合的大小（所包含基元的数量）也存在较大的差异。

　　董振东的 HowNet 中用于描写汉语词汇概念语义的义原共有 2 099 个，而黄曾阳的 HNC 理论基于"字义基元化，词义组合化"的思想，"以充分基元化的约 1 200 个汉字及其组合词语为素材"来构建汉语的概念表达系统。（黄曾阳，1998）

　　词典学研究领域也致力于探索有限的释义基元词集。最为经典的当属《朗文当代英语辞典》（*Longman Dictionary of Contemporary English*），用约 2 000 个释义词解释了 56 000 个词项。安华林（2004）则从《现代汉语词典（第 3 版）》中提取了 2 800 多个释义基元词。孙道功（2011）等研发的《现代汉语析义元语言词典》收录了 3 500 个析义词语。

　　虽然各种理论都有其各自严密的体系，但是对自然语言处理而言，这些差异为资源的共享性和复用性造成了很大的困扰。在理想的情况下，我们需要建立一个相对标准的、统一的基元集合。

　　此外，对不同的语言，我们可以假设存在着一个基础的、共享的词义基元集合，然后每种语言根据其各自的结构与文化特点，又存在着一个独有词义基元补集。同一语族内的不同语言，还存在语族共享基元集。如下图5-1所示。

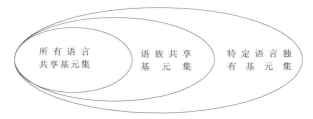

所有语言共享基元集　　语族共享基元集　　特定语言独有基元集

图5-1　语义基元集的构成

威尔茨贝卡的研究成果一定程度上验证了这种假设。他提出："任何语言的词典中都存在不可定义的词，它们的数量较少，自成系统，它们的作用是用来定义其他的词语。不可定义的词是可列举的，语言中的其他词可以用它们来定义。不可定义的词在不同的语言中虽然各有所不同，但却是相互对应的，在语义上是等价的。因此，不可定义的词在各种语言中可视为普遍词汇。"（苏新春，2003）但是，威尔茨贝卡所提取的60余个语义基元显然不足以归纳不同语言词义的词义共性。其他的研究，则主要停留在某种语言内部。

第一节　各类元语言理论中词义基元的提取

在词典释义和语言工程领域，中外学者们都做过一些语义基元的提取尝试，取得了不少的成果。虽然他们所提取的语义基元以及对词义的描写方法对于自然语言处理而言还存在着不少问题，但是他们所使用的方法和得到的结论对我们仍然有非常重要的借鉴作用。

一、面向词典编纂的释义基元提取

国外较早研究释义基元词的当数英国学者奥格登（C.K.Ogden）和理查兹（I.A.Richards），他们于1928年提出基础英语（Basic English）词汇表，包含850词，并与1932年出版《基础英语词典》（*The Basic Dictionary*），用这850个基础词解释了2万个英语单词。这是用限量词集作为词典释义基元词的最早尝试。随后，1935年，韦斯特（Michael West）提出含有1 490个词的《定义词表》（*Definition*

Vocabulary），并与恩迪科特（J.G.Endicott）合作编写出第一部英语教学词典《新方法英语词典》（*New Method English Dictionary*），用这 1 490 个定义词解释了 2.4 万个英语单词。（安华林，2013）

1978 年《朗 文 当 代 英 语 词 典》（*Longman Dictionary of Contemporary English*）第一版出版，用 2 000 个基本词元解释了 56 000 个义项。其后的 1987 年版、1995 年版沿用这一做法，只是对这些释义词元稍微做了些调整。2000 年出版的《牛津高阶英语学习词典》（*Oxford Advanced Learner's Dictionary*）采用 3 000 个基本释义词元。2002 年出版的《麦克米伦高阶英语词典》（*Macmillan English Dictionary for Advanced Learners*）采用 2 500 个基本释义词元。1995 年版的基于英语语料库（The Bank of English）编纂的《柯林斯 COBUILD 英语词典》（*COBUILD English Dictionary*）也采用 2 000 多个常用词元解释了 75 000 个词条。

《朗文当代英语词典》自 1978 年采用 2 000 多个释义词汇以来，该传统一直沿用至今，虽然不同版本的释义词汇选择会有所变化，但释义词元数量一直保持在 2 000 左右，堪称定量释义的典范。《朗文当代英语词典》的释义词表以威斯特的《定义词表》为基础，通过跟英语国家语料库（British National Corpus）中提取的常用词表对比增删而成，二者有 85% 的词汇在词根上是一致的。删除的词主要是不具备释义功能，或意义可以被更简单的词代替的词；增加的词主要是用于语法描述的术语、度量衡单位、新概念、语料库中排名靠前的高频词以及其他一些在释义中需要高频使用的词。（白丽芳，2006）

目前，采用释义基元词编纂词典的探索在国外已经非常成熟，这一方法已成为当代词典编纂中的主导趋势。然而，在国内，此项研究才刚刚起步不久，虽然也取得了一些成果，但是到目前为止尚没有一本完全用释义基元词编纂的汉语词典。即使是作为国内最权威的汉语语文词典，《现代汉语词典》共收字、词 6 万余条，而所用释义性词语总数达 36 000 多个，比例占被释字头、词目总数的一半以上。这说明《现代汉语词典》释义用词庞杂，沿用的是传统随机释义法，没有考虑释义性词语量的总体控制，导致一些词的释义晦涩难懂。（安华林，2005）

国内最早的汉语释义基元词的系统性研究成果是 1996 年，张津、黄昌宁（1997）提交的国家自然科学基金重点项目研究报告《从单语词典中获取定义原语方法的研究及现代汉语定义原语的获取》，提取了近 4 000 个定义原语。他们以有完整释义的汉语词典为封闭材料，通过数学模式来计算释义词与被释词之间的语义关系，从而得出最低数的释义词语，形成了含 3 857 条词的释义元语言集。在统计工作中，他们对义类的分布调查和对统计结果的评价加工都是以《同义词词林》为唯一依据。

李葆嘉（2002）等国内学者们在逐渐关注汉语元语言理论探讨的同时，也开始了对汉语释义基元词进行艰苦细致的提取工作。苏新春（2005）通过计量分析并跟《同义词词林》义类进行对比，提取了 4 324 个汉语释义基元词。安华林（2005）通过多种词表对比以及释义验证等多道程序，最终确定 2 878 个汉语释义基元词。

张津、黄昌宁的研究采用的是纯统计的方法，缺乏对语言事实深入的人工观察与分析，而且其义类划分所依据的《同义词词林》收词太过芜杂，精选程度不够，所以他们所得到的结果跟语言事实还存在着相当的距离。他们提取出来的很多词，作为释义基元的资格尚需商榷，比如"板块学说"、"飞行半径"、"不变价格"、"保护贸易"、"法定人数"、"初等教育"、"报告文学"、"八国联军"等一大批词。因此，可以说，这项工作作为国内最早开展的释义元语言研究，其示范作用远远大于其实际应用价值。

苏新春和安华林的研究，在统计的基础上更加关注对语言事实的研究，所提取的基元词更加具有说服力。但是，这些成果基本还停留在理论探讨和词元提取阶段，缺乏对每个释义基元词的音、形、义各方面的界定，因此还需要得到更大规模的释义验证才能检验其效度。至于将释义基元词全面用于汉语学习词典或语文词典编纂的实践以实现进一步的成果转化工作尚未真正起步。（安华林，2013）

二、面向词义分析的析义基元提取

2001 年 12 月在"全国汉语词汇规范研讨会"上，李葆嘉、安华林提交了论文《论现代汉语元语言系统研究》，提出"析义元语言"的概念："语言学元语言包含三层含义：用于语言交际的最低限量的日常词汇，用于辞书编纂和语言教学的释义元语言，用于语义特征分析的析义元语言。"（苏新春，2003）

孙道功、李葆嘉（2008）通过"义征标记—义征梳理—验证优化—语义／功能分类"的步骤，提取出 2 800 多个义征，作为现代汉语词汇析义元语言。他们首先选定一组核心词汇模型进行受限分析,内省和评估相结合,通过比对、提取、验证和优化得到其词汇义征;通过组合分析、对立比较、变换概括、验证评估得到其句法义征。他们通过分析 250 个名词、183 个动词、312 个心理形容词、154 个类别词、226 个副词和 249 个称谓名词,得到 1 751 个义征。对这些材料进行合并重合义征、删并同义近义义征、取舍反义义征、分化复合义征的操作,得到优化后的 1 664 个义征标记,建成《义征标记初级集》。然后对照《现代汉语受限通用词义位表》对这些义征进行优化验证,增补新义征 1 323 个,义征标记总量为 2 987 个。将这些新标记与原来的《义征标记初级集》进行比对、删并、优化,最终得到总数为 2 836 个的《义征标记优化集》。他们表示"随着分析对象的进一步扩展,《义征标记优化集》还有进一步调整的必要性"。

以这 2 836 个析义基元为材料,他们依据"代表性、广布性、共现性"三原则,选取 3 500 个现代汉语常用词汇,进行语义分析,编纂成《现代汉语析义元语言词典》。(孙道功,2013)

李葆嘉教授及其团队所做的现代汉语释义元语言和析义元语言的提取研究,开创了汉语理论语言学界基于理性主义的方法系统研究汉语词汇微观语义结构的先河,具有划时代的意义。当然,作为一项开创性的研究,这项工作仍然有很多需要进一步完善的地方。

(1)虽然他们提出了"释义元语言"和"析义元语言"的概念区分,但是对最终提取的成果"释义基元词"和"析义义征标记"的关系没有明确说明。这两个集合能否通用?其重叠的部分有多大?释义基元词能否用于析义?析义义征能否取代释义基元词用于词典释义?我们认为,从理论上讲,析义义征集应该是释义基元词集的子集。因为可以用来析义的词,必定也适合作为释义的基元。只不过释义一般用完整的自然语言的短语或完整的句子描述词义,需要用到一些组词成句的功能词;而析义一般用形式化或半形式化的结构描述词义,不需要句法粘合材料,因此更为精练。

(2)威尔茨贝卡指出语义基元是语言中不可定义的,传统的义素分析理论也认为义素是语义系统中最小的单位,这就意味着它们不可以被进一步分解。[1]

---

[1] 当然,事实上义素分析的实践中并没有做到这一点。在很多学者所发表的义素分析研究的成果中,他们用于语义分析的所谓"义素",远远不是最小的语义单位。义素分析的理论和实践严重脱节,这也是这种理论致命的问题之一。

从现已公布的研究成果中可以看出，义征标记集中的很多成员，也不能算是最小的语义单位，还可以进一步被分解，比如："种植"、"学校"、"医院"、"治疗"、"病人"、"司法"、"懂法"、"影视"、"说唱"、"理财"、"传媒"、"采访"、"演奏"、"盖住"、"双掌"、"抬高"、"摊派"、"体力"、"体内"、"天黑"、"天亮"、"跳棋"、"跳跃"、"铁路"、"停车"、"通风"、"同校"、"土石"、"推动"，等等。用这些单位描述的词义，知识的颗粒度依然不够精细，对语义的计算需求而言还很不够。

（3）虽然他们强调了语义成分之间的关系的重要性，但是在具体的词汇析义结构式中这种关系并未得到充分体现。他们的析义方式还是采用传统的义素分析法中用"＋"和"－"来描述被析对象是否具有某种义征，并没有有效描述义征之间各种语义关系，如："接［＋动作］［＋手掌］［＋向上］［＋接受］［＋物体］［＋传递］"。（孙道功，2013）在这个表达式中［＋传递］是有方向和时序的。虽然表达式中的［＋接受］能表达方向，但无法体现时序。"接"的含义是"一方先传递过来，另一方再接受"的有序过程。这里无法体现这个时序，因此也可以理解为"接受后再传递出去"。无论是对人还是对机器的理解而言，这都会存在问题。再比如"簇［＋丛状］［＋聚集］［＋密］［＋多］［＋植物］［＋毛发］［＋人类］［－口语］"。对很多词义结构而言，其所具有的语义成分之间存在着逻辑上的"与"、"或"、"非"的关系。对"簇"这个词而言，其所描述的对象可以是"植物"或"毛发"，［＋植物］、［＋毛发］这两个义征之间的逻辑关系是"或"，没有得到体现，会给机器运算带来困扰。而且，［＋植物］、［＋毛发］这两个义征是被析词的"描述对象"这种语义角色关系也没有得到体现。［＋毛发］和［＋人类］毛发两个义征之间存在领属关系，即"人类的毛发"[1]，也没有体现出来。

从严格意义上来说，义征标记分析法只是罗列了每个被析对象所包含的义征，并没有描述义征之间的语义关系。显然，从理论上讲，完全一模一样的一组义征，按不同的语义关系进行组合，得到的意义是不同的。孙道功（2013）在讨

---

[1] 这个定义本身也值得商榷。"簇"是否只能指人类的毛发而不能指动物的毛发呢？我们从北京大学现代汉语语料库中检索到了这样的用例："至于狮子呢，它常常用它尾巴的一簇尖端，揩拭它一双眼睛，这簇毛也变得很湿了……"

论《析义元语言词典》的实用价值时提到其可以"服务于语言信息处理研究"，当然关于这一点我们毫不怀疑，但是其具体的应用效果尚有待实践检验。

三、面向语义计算的述义基元提取

在中文信息处理学界，董振东的知网（HowNet）和黄曾阳的概念层次网络（HNC）都用基元[1]来描述词义。

知网中描写概念的最小语义单位叫作义原（或义元）。[2]董振东、董强[3]指出："大体上说，义原是最基本的、不易于再分割的意义的最小单位。例如：'人'虽然是一个非常复杂的概念，它可以是多种属性的集合体，但我们也可以把它看作为一个义原。我们设想所有的概念都可以分解成各种各样的义原。同时我们也设想应该有一个有限的义原集合，其中的义原组合成一个无限的概念集合。如果我们能够把握这一有限的义原集合，并利用它来描述概念之间的关系以及属性与属性之间的关系，我们就有可能建立我们设想的知识系统。"

关于义原的提取，他们在现有的文献中没有给出具体的操作说明，仅简要描述如下：

我们的方法的一个重要特点是对大约 6 000 个汉字进行考察和分析来提取这个有限的义原集合。以事件类为例，在中文中具有事件义原的汉字（单纯词）中我们曾提取出 3 200 个义原。试以下面为例我们得到了 9 个义原但其中有两对是重复的，应予合并。

治：医治 管理 处罚……

处：处在 处罚 处理……

理：处理 整理 理睬……

3 200 个事件义原在初步合并后大约可以得到 1 700 个，然后我们再进一步加以归类，我们便得到大约 700 个义原。请注意，到现在为止完全不涉及多音节

---

[1]　HNC 理论明确表示"概念基元不是语义基元或概念节点"。

[2]　在知网的官方网站中，这两个术语都多次出现。如在《〈知网〉知识系统 2008 版产品内容》（网页地址：http://www.keenage.com/html/c_index.html）中，"义原表"、"义元"、"义元节点"、"义元树"、"义原树"等说法均多次出现，而未加以说明。

[3]　董振东、董强：《知网》，http://www.keenage.com。

的词语。然后我们用这700多个义原作为标注集去标注多音节的词，当我们发现这700多个义原不符合或不满足要求时，我们便进行合理调整或适当扩充。

综上所述，知网建设方法的一个重要特点是自下而上的归纳的方法。它是通过对全部的基本义原进行观察分析并形成义原的标注集，然后再用更多的概念对标注集进行考核，据此建立完善的标注集。

义原集建立后，通过扩大标注观察义原的覆盖面及其在概念之间的关系中的地位（实际上相对于通过观察义原出现的频率以考核其是否属于稳定义原）进行验证。随着知网建设的内容的增加，这个义原集也在不断地修正、调整、补充，目前的版本已经达到2 199个。（刘兴林，2009）

基于对"概念是无限的，而概念基元是有限的"普遍语言哲学观和对汉语"字义基元化，词义组合化"的特点认识，黄曾阳先生创立"概念层次网络"（HNC）理论来处理自然语言。在概念层次网络理论体系中，"基元概念语义网络"是其三大网络之一。概念表述体系把概念分为抽象概念和具体概念，对抽象概念用五元组（动态、静态、属性、值、效应）和语义网络来表达；对具体概念采取挂靠展开近似表达方法。一般看来，抽象概念总是比具体概念难以把握，但概念层次网络理论认为，从深层来讲，抽象概念比具体概念更有基元性和系统性，更容易表达。任何一个概念都需要从不同侧面予以表达，这种现象叫作概念的多元性表现。概念层次网络理论通过五元组和语义网络层次符号来完整地表达抽象概念，前者表达抽象概念的外在，后者表达抽象概念的内涵。（黄曾阳，1997）据苗传江、刘智颖（2010）报道，概念基元集已建立概念基元约20 000个。关于这些概念的提取，概念层次网络的文献中并未详细描述。

第二节　基元提取的原则与操作流程

要保证语义运算的精确度效率，面向自然语言处理的词义结构描述基元与词义基元结构表达式需满足如下条件：

（1）尽量对基元进行穷尽性切分，一直达到最小，不可分割、不可定义。

（2）基元集的描写能力必须覆盖语言的整个词汇系统，不能遗漏。[1]

（3）尽量精简基元的数量，在保证词义精确表达与描述的基础上，最大程度归并语义接近的基元。

（4）必须准确表述词义成分之间的各种语义关系与逻辑关系。

（5）保证每个词词义描述的周延性与唯一性（绝对等义词除外），词义表述必须清晰，没有歧义，不能扩大或缩小词义范围。

（6）不能出现任何形式的循环描述。

由此看来，词义结构基元提取是一项细致而繁浩的工程，需要耗费巨大的人力、物力和时间成本，绝非一日之功。乔姆斯基（Chomsky, 1987: 21）曾经指出："任何一个试图对词汇做出界定的人都清楚地知道，这是一件极其困难的事情，涉及非常复杂的语言特性。"（转引自张喆，2007）虽然难度很大，但是我们并不能就此忽视这项工作，尤其是对自然语言处理而言，词义的精确描写是必不可少的，我们可以循序渐进地来逐步实现这一宏伟目标。

在现有各家基元理论与工程实践的基础上，我们博采各家之长，总结出一套基元提取的原则与操作流程，并逐步运用于词汇语义资源建构的实践中。

一、基元提取的原则

在基元提取的工程中，本着"精益求精、宁缺毋滥"的宗旨，我们遵循以下操作原则：

（一）理性主义与经验主义相结合

综观目前各种基元学派，其基元提取的操作一般有这么几种方法：

（1）纯理性主义的，完全从哲学和认知的角度设计出一套基元概念。比如，Jackendoff 提出的概念范畴和黄曾阳的概念基元。他们主要通过内省的办法定义一套概念基元，用技术术语或逻辑符号来表征概念的含义，并不依赖于对语言事实的实证研究，因而是一种抽象的元语言。事实上，概念并不等于词汇，概念的内涵也不完全等同于词义，即使是表达同一对象的概念，在不同的语境中也有不

---

[1]　当然，如果算上历时词汇和共识平面的极低频词和方言词，整个词汇系统数量非常庞大。为了保证自然语言处理的效率，我们先从基本词汇和流通性高的一般词汇着手。

同的变体，需要用语义微有差别的不同的词语来表达。（胡惮，2011）因此，这种纯概念层面的基元，是否能准确表示词义尚需商榷。从概念基元到词义基元的映射还需要对语言事实的实践操作。（萧国政等，2011）

（2）从语言事实出发的理性主义归纳，比如威尔茨贝卡从英语和几种其他欧洲语言出发，并广泛调查了多种其他语言所抽取的60多个语义基元词。威尔茨贝卡的研究也存在着问题。最早提出"人类思维字母表"设想的莱布尼茨认为"各个初始基元应该是互相独立的，假如两个基元之间有共同成分，则在语义上不是简单的，不能作为初始基元"。威尔茨贝卡提出的初始基元清单显然没有遵循这一原则，有些初始基元的意义简单性还有待推敲。比如英语中初始基元 want 和 wish 一词之间毫无疑问有着共同的意义成分，但两者之间的意义是交叉的，而不是包含的。Want 除了表达纯粹的愿望外，还含有需求、缺乏、不足等思想，如："I want it badly."；"Good advice is wanted."等，并不是 want 的所有意义参与对 wish 的阐释。它们的意义共同部分并没有存在一个单独的词位反映。（张喆，2007）

（3）纯经验主义的统计方法。比如黄昌宁等的定义原语获取，他们的研究只注重统计数据，而忽略了语言规则，因而得出的结果噪音太大，实用价值不高。如果人们在统计数据的基础上加以人工筛选和优化，则会得到更好的结果。比如英语词典的有限释义词集研究以及苏新春、安华林等的汉语释义元语言研究就属于这种类型。

（4）从语言结构规则出发，通过解构部分样本词汇的词义微观结构得到一个基本的词义基元集，在此基础上扩大观察对象加以验证，根据验证结果对基元集进行调整优化，比如李葆嘉等的析义元语言研究。这也是一种理性主义的方法。

我们认为，面向自然语言处理的述义基元提取，应该坚持理性主义与经验主义相结合的办法，以基于语言规则的分析为主、统计为辅，即通过对词义结构的观察、分析、提取、验证、优化，初步得到一个基元集合。然后再利用统计的方法，对所提取的基元频率与覆盖率进行计算，优胜劣汰，以进一步优化所得的结果，最后再经过更大范围的语言事实验证，确定最终的基元集。

（二）自上而下与自下而上相结合

自上而下是从概念分类树的顶层节点出发，逐层向下延伸，解析每个节点上的词义基元，直至最底层的具体词汇，这是一种演绎的方法。HNC 主要采用这种方法。自下而上则是直接从每个词的具体词义结构出发，沿着概念树逐层向上，直至顶层节点，这是一种归纳的方法。HowNet 采用的是这种方法。我们认为理想的方法是将二者结合起来。原因有四：

（1）义素提取本质上是基于结构主义的思想。比较理想的办法是采取类似于音位分析中通过最小对立体（minimal pair）来寻找音位的方法。这就需要我们先找到最小语义差异体（不一定是一对词，也可以是一个最小、存在个别词义基元差异的词集，也就是一个最小词汇场），通过分析这些差异体来逐个提取词义基元。这显然需要从底层开始分析。

（2）寻找最小词汇场需要用到概念分类树，沿概念分类树逐层向下划分，直到最末端的最小词汇子集。也就是说，筛选分析对象的时候沿概念树向下延伸，具体分析词义结构的时候则由底层往上扩展。

（3）概念树的上层节点往往本身就是概念基元，比如"时间"、"空间"、"对象"、"抽象"、"具体"等。在对下层具体词义进行分析的时候需要直接用到这些基元，所以需要上下结合。

（4）在对一个具体的最小词汇场进行分析的时候，随时需要观照该词汇场所在的概念树的周边分支，参照其上位、下位和相邻位的词汇场，以保证整个提取工作的一致性和系统性。

（三）预先定义与分析提取相结合

用于述义的词义基元根据其表义的功能性质可分为两大类别：自然语义基元和工具基元。自然语义基元是自然语言中本来就存在的，又分具体词义基元和词义关系基元，比如，"量"、"质"、"大"、"小"等是具体基元；"因果"、"转折"等是关系基元。工具基元是不直接存在于自然语言交际系统中的，只作为自然语义基元的粘合成分。工具基元又包括论元角色类基元、逻辑关系类基元，比如"施事"、"受事"等是论元基元；"是"、"否"、"并"、"或"是逻辑基元。

对于自然语义基元中的词义关系基元，以及一部分具体词义基元（一般处于概念树上层节点）比如"时间"、"空间"等，可以预先定义其作为词义基元的地位，而不需要通过具体词例解析来提取。工具基元也可以预先定义，当然对工具基元的定义可以结合具体词例分析进行调整优化。其他的具体词义基元，一般要通过逐词解析提取。函数关系（比如变量基元和赋值基元之间的关系）不需要提取，也没有有形的语言符号来表示它，只要能在基元结构表达式中以特定的形式语言符号体现出来就行。

（四）语文知识与百科知识兼顾

语言是人类思想、文化与知识传承和传播的主要载体，因此，词汇作为语言的基本构造材料，不可避免地会携带大量的百科知识。在语义学中，对百科知识的处理，一直是人们讨论的焦点。布龙菲尔德的意义观和认知语言学的意义观堪称对词义中百科知识处理的两种极端态度的代表。

布龙菲尔德对意义研究的态度陷入所谓"科学主义"的泥沼。他说，"为了给每个语言形式的意义下一个科学的准确定义，我们对说话人世界里的每一事物都必须有科学的精确知识。而以此衡量，这样的人类知识领域太少了。只有当某一语言形式的意义在我们所掌握的科学知识范围之内，才能准确地加以定义"。所以在语言研究中对意义的说明是个薄弱环节，这种情况一直要持续到人类的知识远远超过目前的状况为止。"语言学家没有能力确定意义，只好求助于其他科学的学者或一般常识。"（布龙菲尔德，1980：166、167、174）毫无疑问，语言的意义必然是不可跟百科知识完全剥离的，但这并不能成其为语言学排斥意义研究的理由。布龙菲尔德的意义观，表现出强烈的悲观主义倾向。

与之相反，认知语言学则认为语义的研究必须在百科知识的框架下进行。认知语义学认为，语义结构在本质上是百科知识，语言单位（如词语）并非"携带"了先前包装好的意义，而是提供了一个通往百科知识（概念系统）的接入点（point of access），自然语言的语义并不能单独脱离其他形式的知识，因此，语义知识和语用知识之间并没有严格的区别，语义知识（knowledge of what words mean）和语用的知识（knowledge about how words are used）其实质都是语义知识。（Evans et al.,2006；转引自王红卫，2010）Lakoff（1987）以"bachelor"（单身汉）为例对此进行了说明："单身汉"一词不能仅仅由"男性"、"成年"与"未婚"三个条件来定义，而必须要考虑到婚姻制度、婚姻习惯、宗教制度等社会文化因素。仅以这三个条件来定义，就无法解释为什么教皇与人猿泰山一般不能被

称作"单身汉"。（转引自黄月华、邓跃平，2012）

传统语言学所谓的"字典观"（the dictionary view）则持折中态度。传统的语义观认为，意义可以分成"字典"部分（dictionary component）和"百科知识"部分（encyclopaedic component）。根据这一观点，词汇语义学（lexical semantics）研究的应该是"字典"部分，百科知识是外在于语言知识的，它属于一种世界知识（world knowledge），不应该是语义学所关注的对象。（王红卫，2010）

我们认为，面向自然语言处理的词义知识库建设，其词义描述的重点应该在语文知识方面，百科知识可以交给知识工程领域去处理。对人类而言，正是因为掌握了基本的语言能力，所以就能够阅读并理解用自然语言表述的百科知识。同样的道理，我们只要让机器具备了自然语言的语义处理能力，再配合以用知识工程技术建立的百科知识数据库，同样可实现机器对百科知识的理解。当然，我们在描述词义知识的同时，也应兼顾一些对语言理解和语言生成有比较重要影响的百科知识。只不过我们会把这部分知识纳入词义范围中，用统一的词义基元结构的表达方法进行描述。比如，对 Lakoff 所举的例子为例，避免机器造出诸如"罗马教皇是个单身汉"这样不恰当的句子，可以在"单身汉"的词义基元结构描述中加上搭配限制：Gs[对象 (!Gs[教皇])]。

我们在解析具体的词义结构以提取词义基元的过程中，并不能依据自己的语感，而是要以权威的词典释义为依据。因为语言观的差异，不同的词典释义的侧重点有所不同。比如，以"鱼"为例，《现代汉语词典》中的解释为："生活在水中的脊椎动物，体温随外界温度而变化，一般身体侧扁，有鳞和鳍，用鳃呼吸。种类极多，大部分可供食用或制鱼胶。"这个释义中包含有较多的百科知识："脊椎动物"、"体温随外界温度而变化"、"鳞和鳍"、"用鳃呼吸"、"鱼胶"，而这些百科知识，对普通人认知"鱼"这个概念而言，并非都是必要的，甚至还有可能增加认知负担。而《朗文当代英语词典》对 fish 的释义则为：an animal that lives in water，and uses its fins and tail to swim。这里除了 fin 是生物学知识外，其他的都是普通的语文知识。所以我们认为，就这一个词的释义而言，《朗文当代英语词典》比《现代汉语词典》更适用于词义基元的提取。

二、基元提取操作流程

根据以上基元提取原则，我们制定出如下提取操作流程，通过"选定样本词汇集→提取→归并优化→扩大样本集→验证优化→统计优化"的步骤逐步推进。

第一步，选定一个样本词汇子类。

样本集的选定是在词义分类树的基础上进行的。对不同语义类别的词而言，它们的基元结构特征是不一样的，所以需要一个一个类分别进行提取。最初选定的样本词汇集是位于分类树最底层的最小词集。这样的一个最小词集构成一个最小词汇场。关于语义分类树，有多种资源可供参考，比如 WordNet、同义词词林、北京大学语义词典等。我们依据的是根据工程需要自己开发的词义分类树。该分类树的部分上层结构如图 5-2 所示。

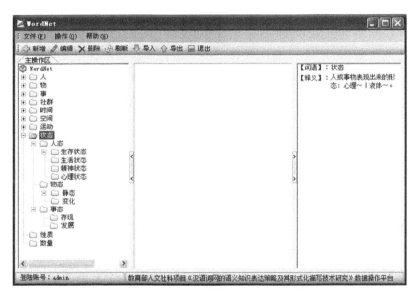

图 5-2 语义分类树部分节点示意图

第二步，根据该子类的词义系统特征以及该类中各个成员词具体的区别性个体语义特征，提取该子类的最小词义基元集。

第三步，选取跟该子类拥有同一个父节点的相邻子类，重复步骤二，提取每个相邻子类的最小基元集。

第四步，归并相邻子类的基元，得到其上位语义类的词义结构基元集。如果对该上位语义类的系统意义特征描写需要增加新的基元,则补充到该基元集中。

第五步,不断重复步骤一到步骤四,由下往上逐级归并,直至完成一个大类的基元初集的建构。

第六步,计算基元初集中每个基元的频率,适当归并低频基元,得到优化的大类基元总集。

第七步,对语义树中的每个大类,重复步骤一到步骤六,得到所有大类基元总集。

第八步,归并所有大类基元总集,再进行一次统计优化,得到整个词汇系统的述义基元数据库。该数据库中的基元根据其功能属性,最终分为具体词义基元库、词义关系基元库、论元角色基元库、逻辑基元库四个子库。

整个过程可用流程图 5-3 表示。

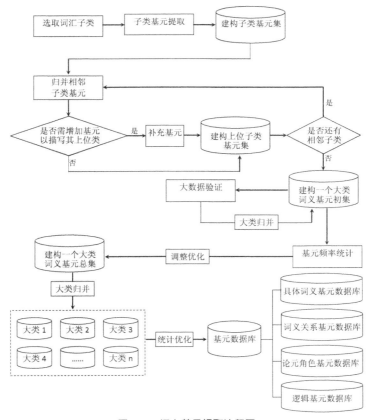

图 5-3　词义基元提取流程图

下面我们以一个表示物态变化的词汇子类为例，阐述词义结构基元的提取过程。我们从图5-2所示的语义分类树中随机抽取一个表示物态变化的子类"状态—物态—变化—温度"，以它为研究对象，该子类位于"0803物态"子节点[1]下面的第三层。该节点共收录五个词｛加热，热，烫，暖，温，筛｝。这五个词在《现代汉语词典》中的释义分别为：

【加热】使物体的温度升高。

【热₃】使热，加热（多指食物）：～一～饭｜把菜汤～一下。

【烫₁】利用温度高的物体使另一物体温度升高或发生其他变化：～酒（用热水暖酒）｜～衣裳（用热熨斗使衣服平整）。

【筛₂】使酒热：把酒～一～再喝。

【暖₂】使变温暖：～酒｜～一～手。

【温₃】稍微加热：把酒～一下。

观察发现，这几个词的核心意义都是"使物体升温"。但是"暖"和"温"对升温的程度有约定，"热₃"和"筛₂"对受事对象有约定，"烫₁"对加温的方式有约定。为了使分析更精确，根据这些细微的语义差异，我们建议进一步将这些词拆分为四个相邻的子类：①｛加热｝、②｛烫₁｝、③｛热₃，筛₂｝和④｛暖₂，温₃｝。

这些词共有的语义成分交集是子类①，我们先从这个子类开始，提取它们的核心词义基元。分析词典对"加热"的释义"使物体的温度升高"，可以得到如下词义基元：｛使动，变化，温度，值，大｝。这些语义成分之所以可以充当基元，因为它们满足如下条件：

（1）它们是最小的语义单位，从语义认知角度，很难再把它们分解为更小的意义单位。

（2）它们可以作为认知的起始概念，我们很难用更简明的概念对它们进行解释或定义。

比如"温度"，是物体或环境的属性之一。《现代汉语词典》对该词的解释为：

【温度】物体冷热的程度：～计｜室内～｜室外～。

---

[1]　该节点的完整路径为"08状态—0803物态—080302—变化—08030205温度"，限于篇幅图中没有完全展示出来。详情可参考附录一。

而对"冷"和"热"的释义又分别为：

【冷₁】温度低；感觉温度低（跟"热"相对）：～水 | 现在还不算～，雪后才～呢 | 你～不～？

【热₂】温度高；感觉温度高（跟"冷"相对）：～水 | 趁～打铁 | 三伏天很～。

显然，这里对"温度"、"冷"、"热"三个词采用了循环释义的方法。不但汉语如此，在一些权威的英语词典中，对这几个概念也采用了相似的循环释义。如：

【Temperature】a measure of how **hot** or **cold** a place or thing is.

【Hot】something that is hot has a high **temperature**-used about weather, places, food, drink, or objects

【Cold】something that is cold has a low **temperature**（《朗文当代英语词典》）

【Temperature】degree of **heat** or **cold** (in a body, room, country, etc).

【Hot】having a relatively or noticeably high **temperature**

【Cold】of low temperature, esp. when compared to the **temperature** of the human body（《牛津高阶英汉双解词典》）

词典对这三个词的循环互释表明，它们之中存在不可定义的词义基元。进一步考察发现，"温度"是物体的某种物理性质，而"冷"和"热"是对该性质的描述或度量。因此我们提取"温度"为词义基元，并用如下基元结构表达式描写"冷"和"热"的词义：[1]

【冷₁】温度([值 (小)])

【热₂】温度([值 (大)])

进一步考察发现：子类③中"烫"的加热方式（使用高温物体）和加热对象（食物为主）有限定，"筛"对加热对象也有特别指定（仅限于酒类），因此需要用到两个预定义的论元角色基元 G[方式] 和 G[受事]。子类④中"暖"和"温"对加热程度（暖₂：不太冷也不太热[2]；温₃：稍微）有限定，因此需要词义关系基元 G[程度]。

至此，通过子类基元提取、相邻子类基元归并与补充操作，我们得到了描写

---

[1] 基元结构的描写规则将在下文论述。

[2] 提取方法为追踪词典"暖₂—温暖₁—暖和₁"的释义路径，具体过程省略。

"物态变化—温度"词汇子类的词义结构基元集合 {G[使动], G[变化], G[温度], G[值], G[方式], G[受事], G[程度], G[大], G[小]}。

第三节 词义基元结构的形式化描述

有了这些基元作为材料，我们可以进一步归纳基于基元结构的词义形式化表达方法，并对每个具体词的词义结构进行形式化描述。

一、不同词类的词义基元结构

词的语义和语法类型不同，其词义特征也各不一样。但是，每种类型的词一般都有相对稳定的词义结构模式。

张万有（2001）在研究义素分析的时候，分别归纳了名词、动词和形容词的义素结构模式，分别为：

{名词义位} = $[NS_1 + NS_2 + NS_3, \ldots, + NG]$

其中 NS 表示名词的属性，就是指这一事物不同于其他事物的相互对立的性质、特征，是个性义素，可以有多个；NG 表示名物义的上位义素，就是指一组相类事物的共同性质、特征，即共性义素，一般只有一个。表示 NG 的义素可放在最后，也可放在最前，但不能插在"属性"义素中间。这种义素结构模式与逻辑中"属加种差"的定义模式相对应，"NG"就是"属"，"NS"就是种差。

{动词义位} = $[VS_1 + VS_2 + VS_3, \ldots, + VG_1 + VG_2 + VG_3]$

VS 表示动作行为"方式"，如时间、处所、工具、情态、程度、目的、原因、结果等。VG_1 表示动作行为的发出者和施行者，即主体。VG_2 表示动作行为涉及和支配的对象，也就是动作行为的承受者，即客体。VG_3 表示动作行为的类别，如是上身的动作还是下身的动作，是头部的动作还是面部的动作，是"移动 / 静止"、"分开 / 结合"、"获得 / 失去"、"增加 / 减少"等等。其中的 VG_3 一般是一组动词共有的义素，

VG_2 并不是每一个动词都具有的。

$$\{形容词义位\} = [AS_1 + AS_2 + AS_3, \ldots, + AG_1 + AG_2 + AG_3]$$

AS 表示性质状态的特征，如"真／伪"、"善／恶"、"贵／贱"、"难／易"、"强／弱"、"优／劣"、"是／非"、"好／坏"等是性质方面的特点；"多／少"、"长／短"、"大／小"、"粗／细"、"轻／重"、"方／圆"、"完／缺"、"硬／软"、"明／暗"、"高／低"、"胖／瘦"、"直／曲"等是形容方面的特点；"远／近"、"快／慢"、"早／迟"、"久／暂"、"冷／热"、"新／旧"、"美／丑"、"雅／俗"、"勇／怯"、"老／幼"等是状态方面的特点；"红／绿"、"白／黑"、"浓／淡"、"香／臭"、"苦／甜"、"咸／淡"等是色味方面的特点；有的形容词义位还有"非常"、"十分"、"相当"、"比较"等几级程度方面的特点。AG_1 表示形容词义位适用的范围，指明所修饰的人或事物；AG_2 表示形容词描写的动作行为；AG_3 表示形容词义位划分的性质、状态方面的类别，如是身体方面还是精神方面，是声音方面还是色彩方面，是重量，还是高度、长度、温度等等；AG_3 一般是一组形容词共有的义素，AG_2 和 AS 中程度方面的义素不是每个形容词义位都有的。

孙道功、李葆嘉（2010）也定义了名词、动词、形容词、数词、类别词、代词、副词的析义元句法模式，分别为：

名词析义元句法模式：$NGn + Pn + F$

NG 表类别义征，NG 的个数取决于语义分类层级，几个 NG 之间必是上下义关系。P 表属性义征。n 表个数，F 表语体、语用等附加说明，在所比较义位之间的其他义征都相同，而要加以区分的情况下才出现。同场义位的区别主要表现在 P 上。

动词析义元句法模式：$VGn + Sn + An + F$

VG 表类别义征。S 表语义角色，通常 n=3 ～ 5。A 表动作行为的义征，是对动作行为语义的凸显描述或分解描述。同场义位的区别涉及 S 和 A 的性质，比较复杂。

形容词性析义元句法模式：$AGn + Sn + Pn + F$

AG 表类别义征。S 表描写对象或关涉范围义征，通常 $n = 1 \sim 2$。P 表属性义征，是对 S 的描写，S 的数量取决于描写深度，通常 $n > 2$。同场义位的差别主要体现在 P 的数量上。

数词析义元句法模式：数词分枢纽数（一、二、五、十）和其他数。枢纽：$UG + Pn + F$；其他：$UG + S_1 + A + S_2$

UG 表类别义征，P 表属性义征。A 是关系义征，S 是涉及对象"一、二"的语义分析基于事物的个体和相配，P_1、P_2 表属性义征。"五、十"的语义分析基于手指数目，P_1 是参照对象，P_2 是计算单位。在"三"等其他数目的析义模式中，S_1、S_2 分别表参照对象和增加对象，A 表计算关系。

类别词析义元句法模式：$CGn + Pn + Sn + F$

CG 表类别义征。P 表属性义征，S 表修饰对象或关涉范围。同场义位的区别体现在 P、S 的内容上。

代词析义的元句法模式：$PG + S + Pn + F$

PG 表类别义征。S 表指代的对象或范围。P 表限定 S 的属性义征，同场义位的区别表现在 P 上。

副词析义的元句法模式：$DGn + Sn + Pn + F$

DG 表类别义征，DG 的多少取决于语义分类层次。S 表义位的限制对象或关涉范围。P 表属性义征。同场义位的区别主要体现在 P 上。

从本质上讲，这两种关于词义结构的分析是大同小异的。他们的研究，对于我们分析词义提取基元有一定的借鉴作用，但是并不一定适合用来作为面向自然语言处理的词义结构描述。词义结构描述我们在第四章已经讨论，基于不同的价值取向，词义的研究方法也是不一样的。比如孙道功、李葆嘉（2010）关于数词的析义元句法模式过于拘泥于词典释义，对机器理解而言是多余的。数量概念是独立于语言概念之外的，人类对数量概念的习得也很难甚至几乎不可能仅通过语言描述来完成。语言中表数量的词，仅仅是另一套概念系统（数量概念）在语言概念系统中的平行符号而已。因此，我们认为，用自然语言对数量概念进行释义或析义，并没有任何意义，甚至把问题搞得更复杂，越解释越糊涂。相比于《现代汉语词典》，《朗文当代英语词典》对数量词释义则要合理得多，如，***five***: the number 5；***hundred***: the number 100。从另一个角度来说，我们描述词义基元结构式为了方便计算机理解自然语言，而对数字的处理本来就是计算机的强项。只需要将自然语言中的数词转写为数学符号，机器马上就能处理了。倘若画蛇添足的进行了词义描述，比如"五 [＋数目][＋单手][＋手指]"、"十 [＋数目][＋双手][＋手指]"[1] 只会适得其反。

二、词义基元结构方程式

我们认为，虽然不同类型的词其意义基元结构有不同的组合模式，但是它们可以用统一的格式来加以描述。一个词的词义，可以表述为带有常量、函数关系、变量和词义逻辑运算的方程式。我们称之为词义基元结构方程。

方程式中需要用到的符号列表定义如下：

S_W：表示某词的词义。其中 W 是该词的词形。比如，"$S_{加热}$"表示"加热"的词义。

P：代表某个恒量基元。

f：代表某个变量基元。

$x,y,z,...$：变量基元的取值，可以是一个赋值基元、一个基元簇或者是一个基元结构表达式。

$f(x)$：词义函数式，表示变量基元及其取值的函数关系。如：颜色（红），表示"颜色"基元的取值为"红"。

[]：基元组合单位边界。表示方括号内的语义成分是一组结合紧密、相对完整的基元组合单位。使用该符号是为了便于表示把一组基元作为一个整体参与某种语义运算。如：温度 ([值（大）])，表示变量基元"温度"的取值为一个语义函数"值 (大)"。

---

[1]　孙道功、李葆嘉（2010）的用例。

：：表示语义延展，即对各个恒值基元的具体语义值的内涵进行加以详述。如：使动 :[温度 ([值（大）])]，表示此处"使动"的具体涵义是"使温度的值增大"。

@：词义类属关系，一般用来表示一个词所属的义类。如：变化 @，表示该词是一个态变化类的词。@ 关系可以通过递归延展，一直追溯到语义分类树的顶层节点。如：状态 @ 物态 @ 变化 @ 温度。

&：必要义征或义用成分。如：& 方式（接触），表示必须具有变量基元"方式"，且其取值为"接触"。

%：限制关系，可用于各个基元模块。m%n 表示"n 的 m"。

#：可选义征或义用成分。如：# 程度，表示可以有"程度"变量基元，也可以没有。

∧：同质基元合取运算，表示同时具有两个或多个取值不同的同质语义基元。如：[方式（接触）] ∧ [程度（微）]，表示需要同时具备 [方式（接触）] 和 [程度（微）] 两组语义成分。

∨：同质基元析取运算，表示对于两个或多个取值不同的同质语义基元中的一个。如：颜色（红）∨（橙），表示颜色基元的取值可以是"红"或"橙"。

！：表示否定。如：方式（! 接触），变量基元"方式"的取值为"不能接触"。

利用这个符号列表，我们可以构建词义的通用方程式：

$S_w = P_1@P_2:[f(x) ∧ f(y) ∨ f(z)...]\&[f(x) ∧ f(y) ∨ f(z)...]\#[f(x) ∧ f(y) ∨ f(z)...]$

将具体的基元代入以上方程式，我们就能实现对词的语义基元结构的形式化描写。如前文提到的"物态变化—温度"类词汇子集 { 加热，烫 $_1$，热 $_3$，筛 $_2$，暖 $_2$，温 $_3$} 的语义基元结构可描写如下：

$S_{加热}$ ＝物态 @ 变化 @ 使动 :[温度 ([值（大）])]

$S_{烫_1}$ ＝物态 @ 变化 @ 使动 :[温度 ([值（大）])]& 方式（接触）

$S_{热_3}$ ＝物态 @ 变化 @ 使动 :[温度 ([值（大）])]& 对象 (Gs[食物])[1]

$S_{筛_2}$ ＝物态 @ 变化 @ 使动 :[温度 ([值（大）])]& 对象 (Gs[酒])

---

[1] 方程式中"食物"和"酒"并不具备基元的地位，而只是一个基元簇，所以用基元簇的符号 Gs[] 标明。该基元簇的基元结构会在其所在最小词汇子集中加以描述，存放在数据库中。电脑在运算中碰到这样的符号会进一步去搜索该基元簇的语义结构，将其代入此处。而单独基元的符号 G[] 属于缺省值，不标出来。

$S_{暖2}$＝物态 @ 变化 @ 使动 :[温度 ([值 (大)])]& 程度 (中)

$S_{温3}$＝物态 @ 变化 @ 使动 :[温度 ([值 (大)])]& 程度 (微)

三、基于 XML 的词义基元结构形式化描述

为了方便机器调用处理以及在不同的应用系统中交换数据，我们采用 XML 语言来描述词义的基元结构。

作为一种元数据语言，可扩展标记语言（Extensible Markup Language, XML）是 Web 上表示结构化信息的一种标准文本格式，它建立了一种传输结构化数据的方法，语法简洁、结构清晰，具有很强的描述能力、扩展能力和处理维护能力。（周盈，2010）在知识工程、自然语言处理等领域应用十分广泛。

根 XML 语法的要求，我们先定义如下元素和变量：

元素 "*set*"：表示最小词汇子集；

元素 "*word*"：表示最小词汇子集内的词项；

元素 "*cause*"：表示语义关系基元 "使动"；

变量 "*set_id*"：表示最小词汇子集的代码，每个子集有一个唯一的由 ASCII 码组成的代号；

变量 "*lexicon*"：表示词的一个义项；

变量 "*lex_id*"：表示义项在词典中该词条下的排序；

变量 "*lex_class*"：表示一个词所属义类；

变量 "*temp*"：表示变量基元 "温度"；

变量 "*value*"：表示变量基元 "值"；

变量 "*degree*"：表示变量基元 "程度"；

变量 "*manner*"：表示变量基元 "方式"；

变量 "*object*"：表示变量基元 "对象"；

根据以上定义的变量规则，我们可以设计出所有描写同义词语义特征所需的所有变量和变量的取值规范，生成一个 Schema 文件，该文件部分内容如下：

synsetSchema.xml:

```
<Schema xmlns＝"urn:schemas-microsoft-com:xml-data"xmlns:dt="urn:schemas
-microsoft-com:datatypes">
        <ElementType name="set_id" content="textOnly" dt:type="string"/>
        <ElementType name="set_sem" content="textOnly" dt:type="string"/>
        <ElementType name="lexicon" content="textOnly" dt:type="string"/>
        <ElementType name="lexi_id" content="textOnly" dt:type="int"/>
        <ElementType name="temp" content="textOnly" dt:type="string"/>
        <ElementType name="value" content="textOnly" dt:type="string"/>
        <ElementType name="degree" content="textOnly" dt:type="string"/>
        <ElementType name="manner" content="textOnly" dt:type="string"/>
        <ElementType name="object" content="textOnly" dt:type="string"/>
        <ElementType name="set" content="eltOnly"/>
        <ElementType name="&" content="eltOnly"/>
          <element type="set_id"/>
          <element type="word"/>
            <ElementType name="word" content="eltOnly"/>
            <ElementType name="csuse" content="eltOnly"/>
                <element type="lexicon"/>
                <element type="lexi_class"/>
          <element type="manner"/>
                <element type="degree"/>
                <element type="temp"/>
                <element type="value"/>
                <element type="object"/>
        </ElementType>
```

```
        </ElementType>
</Schema>
```

根据这个定义文件，对本章所举例词汇集{加热，烫 1，热 3，筛 2，暖 2，温 3}的
词义基元结构可以用 XML 代码表述如下：

```
<?xml version="1.0" encoding="utf-8"?>
<synset xmlns="x-schema: synsetSchema.xml">
    <set>
            <set_id>0803020501</set_id>
            <word>
                <lexicon>加热</lexicon>
                <lexi_class>物态@变化</lexi_class >
                <cause>
                    <temp>
                        <value>大</value>
                    </temp>
                </cause >
            </word>
    </set>
    <set>
            <set_id>0803020502</set_id>
            <word>
                <lexicon>烫</lexicon> <lexi_id>1</lexi_id >
                <lexi_class>物态@变化</lexi_class >
                <cause>
                    <temp>
                        <value>大</value>
```

```
                    </temp>
                </cause >
                <&>
                    <manner>接触</manner>
                </&>
            </word>
    </set>
    <set>
            <set_id>0803020503</set_id>
            <word>
                <lexicon>热</lexicon> <lexi_id>3</lexi_id >
                <lexi_class>物态@变化</lexi_class >
                <cause>
                    <temp>
                        <value>大</value>
                    </temp>
                </cause >
                <&>
                    <object>Gs[食物]</object>
                </&>
            </word>
            <word>
                <lexicon>筛</lexicon> <lexi_id>2</lexi_id >
                <lexi_class>物态@变化</lexi_class >
                <cause>
                    <temp>
```

```
                    <value>大</value>
                </temp>
            </cause >
        <&>
                <object>Gs[酒]</object>
        </&>
        </word>
</set>
    <set>
        <set_id>0803020504</set_id>
        <word>
            <lexicon>暖</lexicon> <lexi_id>2</lexi_id >
            <lexi_class>物态@变化</lexi_class >
            <cause>
                <temp>
                    <value>大</value>
                </temp>
            </cause >
            <&>
                <degree>中</degree>
            </&>
        </word>
            <word>
            <lexicon>温</lexicon> <lexi_id>3</lexi_id >
            <lexi_class>物态@变化</lexi_class >
            <cause>
```

```
        <temp>
            <value>大</value>
        </temp>
    </cause >
    <&>
        <degree>微</degree>
    </&>
    </word>
</set>
```

本章参考文献：

[1]Chomsky, N. Language in a Psychological Setting: Sophia Linguistica: Working Papers in Linguistics, no. 22. Tokyo: Sopjia University, 1987.

[2]Evans, Vyvyan and Melanie Green. Cognitive Linguistics: An Introduction[M]. Mahwah, New Jersey: Lawrence Erlbaum Associates, 2006.

[3]Lakoff,G. Women, Fire, and Dangerous Things:What Categories Reveal about the Mind[M]. Chicago: Chicago University Press, 1987.

[4] 安华林 . 关于汉语释义基元词的界定问题 [J]. 辞书研究，2013（3）.

[5] 安华林 . 现代汉语释义基元词研究 [M]. 北京：中国社会科学出版社，2005.

[6] 白丽芳 . 英汉元语言比较研究 [D]. 南京师范大学，2006.

[7][美] 布龙菲尔德 . 语言论 [M]. 袁家骅等，译 . 北京：商务印书馆，1980.

[8] 胡惮 . 概念变体及其形式化描写 [M]. 北京：中国社会科学出版社，2011.

[9] 黄曾阳 .HNC 理论概要 [J]. 中文信息学报，1997（4）.

[10] 黄月华，邓跃平 . 论认知语言学百科知识语义观 [J]. 求索，2012（8）.

[11] 刘兴林 . 词汇语义知识库浅述 [J]. 福建电脑，2009（9）.

[12] 苗传江，刘智颖 . 基于 HNC 的现代汉语词语知识库建设 [J]. 云南师范

大学学报（哲学社会科学版），2010，42（4）.

[13] 苏新春.汉语释义元语言研究 [M].上海：上海教育出版社，2005.

[14] 苏新春.元语言研究的三种理解及释义型元语言研究评述 [J].江西师范大学学报（哲学社会科学版），2003，36（6）.

[15] 孙道功,李葆嘉.试论析义元语言的元句法模式 [J].南京师范大学文学院学报，2010（3）.

[16] 孙道功，李葆嘉.试论析义元语言标记集的建构 [J].语言文字应用，2008（2）.

[17] 孙道功.《现代汉语析义元语言词典》的开发与应用 [J].辞书研究，2011（5）.

[18] 王红卫.百科知识语义观及其对英语词汇教学的启示 [J].辽宁工业大学学报（社会科学版），2010，12（3）.

[19] 萧国政，肖珊，郭婷婷.从概念基元空间到语义基元空间的映射——HNC 联想脉络与词汇语义结构表述研究 [J].华东师范大学学报（哲学社会科学版），2011（1）.

[20] 张津，黄昌宁.从单语词典中获取定义原语的一种方法 [J].清华大学学报（自然科学版），1997（3）.

[21] 张万有.义素分析略说 [J].语言教学与研究，2001（1）.

[22] 张喆.自然语义元语言：理论与实践 [M].北京：科学出版社，2007.

[23] 周盈.论 XML 语言与数字信息资源的处理 [J].科技信息，2010（16）.

第六章　量度形容词的基元提取与基元结构描述

　　词义的基元结构描写工程类似于人类基因组测序工程，通过对语言的整个词汇系统的词义基元进行测定，并具体对每一个词的基元结构进行解析和形式化描写，建立词义基元结构数据库，为机器进行语义的自动理解和生成提供依据。约定描写对象并对其进行语义分类是整个工程的前提。因为对不同语种而言，其词义基元的类型、数量、每一个基元的具体形式、词的基元结构等都存在很多差别。即使对同一种语言而言，其所处的不同历时阶段、同一共时平面上词汇系统内部不同种类之间，这些方面的要素也存在差异。所以，我们需要预先约定所要描写的词汇系统，并进行分类，然后逐类提取词义基元和进行基元结构解析。此外，分类也有利于团队之间的分工合作，毕竟这是一项需要巨大人力投入的工程。

　　不同词类，其词义结构特征是不一样的，这反映在词的语义属性维度及其取值方面。比如动词的属性维度一般包含"施事"（agent）、"受事"（patient）、"工具"（instrument）、"方式"（manner）、"处所"（location）等；而形容词的属性维度则包含"对象"（object）、"规模"（scale）、"程度"（degree）。

　　在语言信息化时代，对形容词词义信息的精细描述，是词汇主义背景下自然语言处理的基础资源建设工程的重要组成部分。而量度形容词是形容词中一个特殊的封闭小类，其数量有限、结构简单。量度形容词一般为单音节词，有的本身是语义基元词。它们在整个词汇系统中处于比较基层的地位，经常作为词义基元或基元簇充当其他变量基元的赋值单位，是构成其他形容词词义结构的重要材料。所以，我们以这一类词为例，根据本书前文所述的理论和方法对其进行基元提取和基元结构描述，作为本书理论应用的示范性个案研究。

第一节　形容词及其分类

现代汉语形容词的研究仍然争议颇多：形容词是否是一个独立的词类？形容词的定义、形容词的边界确定、形容词的次类划分等问题虽然争论日久，但是至今尚未达成统一共识。（邵炳军，1999）虽然存在着诸多分歧，形容词依然是汉语三大基本词类（名词、动词、形容词）之一。在汉语词类研究中，形容词历来是极受关注的一个词类，仅次于动词。由于形容词在词汇意义上具有一定程度上的模糊性，与名词和动词相比，形容词在人类的认知上没能形成自己本身的具体形象，所以不同语言的使用者可以有各自不同的认识角度，虽然他们也有基本的共识。从汉语的特点来讲，汉语缺乏严格意义上的形态变化，形容词被看成与动词一样，表示各种事件，在句法功能上形容词比较自由地充当各种句法成分，与名词、动词都存在着交叉，这直接影响到了对汉语形容词的范围和主要句法功能的确定工作，也给学者们带来一些困惑、障碍和分歧。（朴镇秀，2009）

存在争议的主要原因在于对词类划分所适用的理论理解不同。提到形容词，一般指的是它的词性（part of speech）分类，这是来自于西方语义学的理论。词性分类是一个语法上的概念，[1] 所依据的主要是词的分布特征。我们知道，汉语的词类，其分布边界是模糊的，尤其是名词与动词、动词与形容词之间的分布，根本无法严格区分，这种现象在西方屈折语言中是不能存在的。既要使用西方语言学中"词性"的概念，又要符合汉语的事实，这就使得汉语在划分名词、动词、形容词等词类时，有时候采用语法的标准，有时候采用语义的标准，因此分歧在所难免。

---

[1]　对"Part of Speech"，《美国传统英语字典》（*American Heritage Dictionary*）的解释为"one of the types into which words are divided in grammar according to their use"，《朗文当代高级英语辞典》（*Longman Dictionary of Contemporary English*）的解释为"One of a group of traditional classifications of words according to their functions in context"。

一、形容词的界定与次类划分

早期的语言学家所理解的形容词范围比较大。《马氏文通》（马建忠，1983）把"静字"分为"象静"和"滋静"两大类，"象静"相当于现在的形容词，而"滋静"相当于现在的数词。（李敏，2002）黎锦熙（1992）先生认为"形容词是用来区别事物之形态、性质、数量、地位的，所以必附加于名词之上"。他把形容词分为"性状"、"数量"、"指示"和"疑问"四小类，事实上其中只有"性状形容词"相当于现在的形容词，而后三类分别相当于现在的数词、指示代词和疑问代词。王力（1985）先生给形容词下的定义为"凡词之表示实物的德性者，叫作形容词"。除此之外，吕叔湘、朱德熙（1952）、赵元任等先生都对形容词有过专门的论述。经过几代学者多年的研究和讨论，现在一般认为形容词是表示性质和状态的实词，也包括区别词，即吕叔湘（1981）先生所称的"非谓形容词"。

正如对形容词的界定存在诸多争议一样，对其次类的划分也莫衷一是。有按意义分类的，如张志公（1959）把形容词分为三类：表示人或事物形状的，如"红"、"高"、"小"、"圆"、"美丽"、"平坦"、"绿油油"等；表示人或事物的性质的，如"热"、"好"、"甜"、"诚实"、"优秀"、"恶劣"、"特殊"等；表示动作行为等的状态，如"快"、"慢"、"流利"、"熟练"、"轻松"、"恳切"、"矫健"等。有按语音形式分类的，如张寿康（1956）把形容词分为单纯形容词和合成形容词。有按内部结构分类的，如朱德熙（1982）把形容词分为性质形容词和状态形容词，但不同于意义分类，而是着眼于形容词的内部构成。有按语法功能分类的，比如吕叔湘（1981）提出非谓形容词，叶长荫（1983）则进一步分出非谓形容词和能谓形容词，能谓形容词再分为三类：非条件能谓形容词、条件能谓形容词和唯谓形容词。根据这个模式，又有人根据形容词是否能充当定语、是否能充当状语进行分类。（陈一，1993；杨仁宽，1985）

我们知道，对任何事物的分类，基于不同的标准可以有无数种分法。近年来，随着语言学研究的不断深入，各种西方语言学理论如功能主义、认知语言学、模糊语言学等纷纷被引入到国内。从各种不同的理论视角出发，形容词词类新的分类方法更加层出不穷，令人目不暇接。

　　分类毕竟不是最终目的，而只是从事更深入研究的一个过程或者一种手段。对我们的研究而言，分类是为了化整为零地对整个词汇系统的意义进行梳理和描述，因此我们对词的分类主要以意义为标准。我们不单独对形容词划类，而是根据它们的语义性质，归入到语义树的"属性"和"状态"两个节点之下。这两个节点分别又有下位节点"人性"、"物性"、"事性"、"值"、"人态"、"物态"、"事态"。如图 6-1 所示：

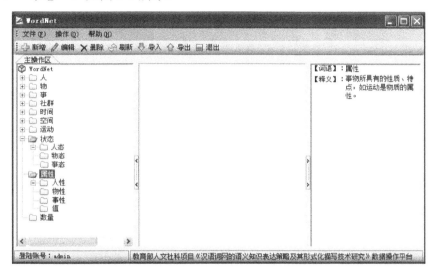

图 6-1　语义分类树局部示意图

二、现代汉语量度形容词

　　量度形容词是用来表示事物空间或者时间量的形容词。这类词既有形容词的一般属性，也有其自身的语义、语法特性。作为汉语形容词系统中的一类特殊的聚合，量度形容词已经引起了部分学者的关注。对量度形容词的界定，不同的学者有不同的观点。代表性的观点有两种：

　　陆俭明（1989）先生对量度形容词的定义为："这些形容词都是表示量度的，含有 [＋量度] 的语义特征，所以我们称之为量度形容词。"测定量度形容词的标准是看能否出现在表示偏离义的"A＋（了）＋表示定量的数量词"格式中。根据这个标准，陆俭明先生界定的量度形容词共有 13 对：{大，小}、{长，短}、

{高，低（矮）}、{宽，窄}、{厚，薄}、{深，浅}、{粗，细}、{重，轻}、{远，近}、{快，慢}、{早，晚（迟）}、{贵，贱（便宜）}、{多，少}。这是宽式的定义。

陆俭明先生指出："量度形容词基本都是单音节的，只有'贱'现在用得不多了，在口语里已为双音节词'便宜'所代替。"（陆俭明，1989）

另一个是严式的定义，由李宇明（2000）先生在《汉语量范畴研究》一书中提出来。他认为只有含有[＋空间量度]语义特征的才是量度形容词。像"{快，慢}、{重，轻}、{早，晚（迟）}、{贵，贱（便宜）}、{多，少}"这些词，都不是量度形容词的范畴。李宇明对"空间量"进行了定义："空间量是计量事物的长度（包括长短、高低、深浅、远近、粗细等）、面积、体积（包括容积）以及事物间距离的范畴。"根据这个标准界定的量度形容词主要有八对：{大，小}、{长，短}、{宽，窄}、{高，低／矮}、{远，近}、{深，浅}、{粗，细}、{厚，薄}。

出于不同的研究目的，人们往往对研究对象做出不同的界定。出于对汉语整个形容词系统词义基元结构描写的需要，我们倾向于采用宽泛的定义。我们的研究，以分析和提取词汇系统语义结构的最小词义粒子为基础，因而我们需要尽量从认知的原点出发，尽可能寻找原型概念的语言表达形式作为语义基元。

因此，我们认为：时间作为跟空间并列的认知起点，其表达概念一般都具有一定的原型性。但是{早，晚（迟）}表达的是在时间轴线上某个时间点所处的相对位置，没有量度的含义，所以这一组应排除在外。而速度是跟时间、空间都相关的概念，是对由一维线性空间与时间构成的二维时空内的对象运动属性的量度，因而{快，慢}也不能被排除。数量是人类认知世界的原型概念之一，因而表达对数的量度的{多，少}不能排除在外。在对实体的外在属性进行认知和描摹时，重量和大小（面积、体积、长度）等空间存在属性是并列的，因而表达其量度的{重，轻}也应包括在内。价值是对对象内在属性的原型认知，{贵，贱（便宜）}也应被包括进来。

第二节　形容词词义基元结构概貌

与具有明确概念意义的名词和动词不同的是，形容词的语义跟其句法组合对象是高度结合在一起的，因为形容词的主要作用是描写或修饰其他对象的性质、状态。因此，形容词的语义构成，不但其本身的义类、义核基元必不可少，其义征、义用基元也至关重要，因为这些基元往往承载着它们所修饰或描写的对象的属性。

一、形容词的核心词义基元

在威尔茨贝卡（Wierzbicka, 1996）的元语言理论中，共归纳了 18 类 60 多个语义基元，其中有一部分是形容词基元，如：good（好）、bad（坏）、big（大）、small（小）、true（真）、far（远）、near（近）等。

这些基元词，都可以作为形容词的核心词义基元，但其数量还远远不够。按照人们使用形容词描述某对象的属性时的常用方式，我们将形容词核心词义基元分为评价类词义基元和描述类词义基元。

（一）评价基元

评价基元一般以反义的形式成对出现，表达对象在某个维度上的属性在两个极性方向上的取值。根据它们所表述的对象不同方面的属性可归纳为：

（1）体积、面积、规模、强度、力量等属性，如：G[大]、G[小]；

（2）数量属性，如：G[多]、G[少]

（3）质量属性，如：G[好]、G[坏]

（4）程度属性，如：G[高]、G[低]

（5）时效属性，如：G[新]、G[旧]

（6）逻辑属性，如：G[真]、G[假]

（7）通用属性，如：G[正面]、G[负面]。

这些是最常用、最基本的、用于对对象属性进行评价的词义基元。其中适用面最广的当数第（7）类通用属性基元。含有极性意义的形容词，其意义结构都可以分解为由这两个基元加上评价的属性维度基元构成。例如：

【善】道德＋正面评价：G[评价] ＋ Gs[Gs[道德] ＋ G[正面]]

【恶】道德＋负面评价：G[评价] ＋ Gs[Gs[道德]] ＋ G[负面]]

【美】外观 / 外貌＋正面评价：G[评价] ＋ Gs[Gs[外貌]] ＋ G[正面]]

【丑】外观 / 外貌＋负面评价：G[评价] ＋ Gs[Gs[外貌]] ＋ G[正面]]

虽然以上所列的其他六组基元好像也可以用这组通用基元加属性维度构成，如：

【多】量＋正面评价：G[评价] ＋ Gs[G[量] ＋ G[正面]]

【少】量＋负面评价：G[评价] ＋ Gs[G[量] ＋ G[负面]]

但事实上我们更倾向于把他们作为单独的基元来处理，因为像时间（时效性）、空间（面积、体积等）、数量、质量、程度、逻辑判断等概念在人的认知系统中属于最原始、最基本的概念，我们需要这些概念作为核心词义基元来表达其他概念。例如：

【快】速度＋量多：G[评价] ＋ Gs[G[速度] ＋ G[量（多）]]

【慢】速度＋量少：G[评价] ＋ Gs[G[速度] ＋ G[量（少）]]

【硬】硬度＋程度高：G[评价] ＋ Gs[Gs[硬度] ＋ G[程度（高）]]

【软】硬度＋程度高：G[评价] ＋ Gs[Gs[硬度] ＋ G[程度（低）]]

（二）描述基元

描述基元表达对象在某个维度上的属性取值具有多种并列的选择，这些属性是离散的，没有极性。如：

（1）颜色属性：G[红]、G[橙]、G[黄]、G[绿]、G[青]、G[蓝]、G[紫]、G[黑]、G[白]、G[灰]

（2）形状属性：G[方]、G[圆]、G[尖]、G[平]、G[凹]、G[凸]、G[直]、G[弯]、G[斜]

（3）味道属性：G[酸]、G[甜]、G[苦]、G[辣]、G[咸]

（4）气味属性：G[香]，G[臭]

二、形容词的词义基元结构

如前所述，形容词的词义由其核心词义基元、其所修饰或描写的对象以及对象的特征属性维度三个部分共同构成。因此，对不同的对象而言，或者对同一对象的不同属性维度而言，即使所要描写的核心内容是相同的，但是使用的形容词却可能不一样。

例如，"美丽"、"漂亮"、"英俊"这三个词，其语义核心相同，都表示对对象外貌的正面评价，由义核基元簇Gs[美]控制。但是，这三个词并不相同：

（1）它们所使用的对象不同。"美丽"和"漂亮"既可修饰人，也可修饰事物，而英俊则仅可修饰人。如："美丽的公主"、"美丽的花园"、"漂亮的司机"、"漂亮的胜仗"、"英俊的小伙子"。

（2）即使都是修饰人，"美丽"只可用于女性，"英俊"只可用于男性，而"漂亮"则男、女通用。"英俊的姑娘*"、"美丽的先生*"在汉语中是难以被接受的。

（3）即使都是修饰人，用于不同维度的属性，所用的词也不同。"漂亮"和"英俊"仅用于指人的外表，而"美丽"则既可指外表，也可指人的品质，如"美丽的心灵"。

通过以上分析，我们可以得到这三个词的语义构成：

【美丽】义核基元：Gs[美]

　　　　对象基元：Gs[G[人类] & Gs[G性别（男）]] ∨ G[物]

　　　　特征基元：Gs[外貌] ∨ Gs[品质]

【漂亮】义核基元：Gs[美]

　　　　对象基元：G[人类] ∨ G[物] ∨ G[事]

　　　　特征基元：Gs[外貌]

【英俊】义核基元：Gs[美]

　　　　对象基元：Gs[G[人类] & Gs[G性别（女）]]

　　　　特征基元：Gs[外貌]

这其中的核心词义是由义核基元簇Gs[美]控制的，而对象和特征则是由概念属性基元（Conceptual Attribute Primitive）控制的。除此之外，形容词的语义属性基元还包括修辞属性基元（Rhetorical Attribute Primitive）和分布属性基元（Distributional Attribute Primitive）。其中修辞属性基元和分布属性基元都属于义用基元。这些基元对词义属性的控制能力并不是均匀的，而是有层次的，如图6-2所示。离义核越远，其控制能力越弱。

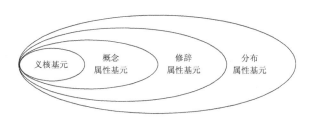

图 6-2 形容词词义基元构成结构

汉语中有些形容词有特殊的分布属性。这种分布属性不仅仅是句法层面的,而且还跟形容词本身的词汇意义高度相关。比如有些形容词不能充当谓词(即非谓形容词)如"大型"、"慢性"、"首要"、"新式"等。有些含有不同的表量意义,需要跟不同的词语搭配。(石毓智,2003)

三、形容词的词义属性基元

归纳起来,形容词的属性基元包括四类:

(一)对象:是形容词最基本的语义属性基元,这个基元会直接影响到下一个基元——对象属性的选择。此类基元有三个:G[人]、G[实体]和G[抽象实体]。

(二)对象特征:对象特征基元高度依赖对象基元,若对象基元是G[人],则对象特征基元可能是:G[外貌]、G[身份]、G[年龄]、G[气质]、G[个性]、G[品德]、G[情感F]、G[行为]、G[关系]。若对象基元是G[实体],则其特征基元可能是:G[大小]、G[颜色]、G[重量]、G[质量]、G[价格]、G[温度]、G[速度]、G[味道]、G[硬度R]、G[触感]、G[浓度]。若对象基元是G[抽象实体],则其特征基元可能是:G[规模]、G[质量]、G[价值]、G[关系]、G[状态]、G[发展]、G[距离]、G[程度]。

(三)修辞属性:这里我们只讨论由形容词本身的词义基元所控制的修辞属性,而不涉及句子或篇章中的修辞意义。此类基元有三组:G[文体]、G[感情色彩]、G[渲染]。

(四)分布属性:分布属性包括G[谓词性]和G[表量性]。谓词性基元控制形容词可否充当谓词的语义属性,表量性基元控制形容词跟不同类型的数量修

饰语搭配的能力。（石毓智，2003）[1]

这些语义属性基元可归纳为表 6-1。

表 6-1　形容词属性基元结构

	对象	对象特征	对象	对象特征	对象	对象特征
概念属性基元	人	外貌	实体	大小	抽象实体	规模
		身份		颜色		质量
		年龄		重量		价值
		气质		质量		关系
		个性		价格		状态
		品德		温度		发展
		情感		速度		距离
		行为		味道		程度
		关系		硬度		
				触感		
				浓度		
修辞属性基元	文体		感情色彩		渲染	
	口语	书面	褒	中	贬	强调　虚拟
分布属性基元	谓词性			数量特征		
	可谓		非谓	量级系列	极限　百分比	正负

第三节　量度形容词词义基元结构描述

一、量度形容词的词义基元结构

其实，若追溯到最小的语义粒子，我们只需要四组基本基元单位：表示描写对象基元 G[对象 (x)]、表示对象特征属性维度的基元 G[特征]、表示对象特

---

[1]　石毓智（2003）在《形容词的数量特征及其对句法行为的影响》一文中，根据形容词的数量特征把它们分为四类：量级序列类形容词、极限类形容词、百分比类形容词和正负值类形容词，它们决定了各自独特的语法特点。这四种类型分别有各自搭配的要求。

征属性的量的基元"G[量]"，及其取值基元"G[大]"或"G[小]"就可以表达一切量度形容词的词义基元结构。

比如"长"是实体对象在"距离"这个属性维度上量的取值较大，"便宜"是实体对象在"价值"这个属性维度上量的取值较小，等等。上述四组基本词义基元单位中，只涉及一对量度形容词 { 大，小 }，也就是说，"大"和"小"这两个词可以作为词义基元，是一对自由词义基元。其他的词，因其词义基元组合关系稳定，一般共同出现作为活跃的词义基元单位参与其他词的语义构造，因而我们可以将它们的基元结构解析后当作词义基元簇。因为这些基元簇的原型性远大于其他的基元组合，有逐渐进化成基元的倾向。

按通用的词义结构式"义类＋义核＋义征＋义用"来分析，量度形容词属于形容词中的一个子类，而所有形容词都是对对象某种属性的表达，所以其义类可归入到"属性"。在我们的词义分类树中，属性节点下面有一个下位节点"值"，用来描述对象在某个维度上属性的具体情况。量度形容词就挂在这个节点下。所以其义类模块可由 G[属性]@G[值] 表示。任何一个量度形容词，其核心意义都是表达对象的某个特征的取值的量的大小，因此其义核部分由 G[特征 x]、G[量] 和 G[大] 或 G[小] 三个基元单位组成。而特征所属的对象是义征部分，所以 G[对象 x] 是义征基元。对形容词而言，分布属性和修辞属性是语用属性，这两种属性基元是义用基元。而量度形容词表义一般都很简单明确，作为基元词，它们的应用范围很广，语义外延都比较大，不具有文体、感情色彩、渲染等方面的修辞限制。而在分布属性方面，量度形容词都可作谓语，表量属性为量级系列。（石毓智，2003）因分布属性跟句法密切相关，而且句法属于系统性属性（即一类词共同拥有的句法属性），在自然语言处理中可以用句法规则来加以控制，其处理效率会高于用词义描写的方法。所以，如无特殊情况，我们一般可以在词义描写中省略这一部分。

根据以上分析，我们得出量度形容词通用的词义基元结构方程式为：

$$Sw=[属性]@[值]@[特征 x]:[量 (x)]\&[[对象] \lor [[对象 _1] \lor [对象 _2] \lor ... \lor [对象 _n]] \lor [[对象 _1] \land [对象 _2] \land ... \land [对象 _n]]]$$

二、量度形容词的词义基元提取

在这个量度形容词的基元结构方程式中，义类基元 G[属性]、义核基元中的 G[量]、G[大] 或 G[小] 属于通用基元，即所有量度形容词共享的词义基元。而 G[对象 x] 和 G[特征 x] 因词而异。G[对象 x] 包括：G[人]、G[物] 和 G[抽象物]。G[特征 x] 则根据每个词所适用的对象在不同维度上的属性特征而定。这些基元，先预定义为量度形容词的共同基元。其他的基元我们按照第六章所述的原则和方法，逐个提取。每一对意义相反的度量形容词就是一个最小子类。提取过程中，我们以《现代汉语词典》对这些词的释义作为词义解析的主要依据。[1]

（一）{ 长，短 }

【长₁】两点之间的距离大（跟"短"相对）。a）指空间：这条路很～ | ～～的柳条垂到地面。b）指时间：夏季昼～夜短 | ～寿。

【短₁】两端之间的距离小（跟"长"相对）。a）指空间：～刀 | ～裤。b）指时间：～期 | 夏季昼长夜～。

分析：这对词所表述的对象包括"时间"和"空间"，对象的属性维度是"两点之间的距离"或"两端之间的距离"，属性值是"大"或"小"。据此我们初步得到这对词的基元：G[时间]、G[空间]、G[二者之间]、G[点]、G[大]、G[小]。其中 G[二者之间] 是一个变量基元，G[点] 是它的赋值基元，表示为 Gs[二者之间 (点，点)]。这里需要说明的是，词典对"长"的解释是"两点之间的距离大"，而对"短"的解释是"两端之间的距离小"。"端"的含义是某对象头部或尾部最外围的点，即一个线性连续体的起始和终止的点，这说明这个连续体是一个有限有界连续体。显然，"短"不仅仅只表述这种情况。比如"时间"就是一个无限无界的连续体。所以我们认为 G[端] 不适合作为这对词的基元。而且，词典也说明这对词的意义是相对的，那它们的基元也必须是对称的。所以，只需提取 G[点] 即可（G[点] 包括 G[端]）。

这样我们得到子类（一）的词义基元集：{G[时间]，G[空间]，G[距离]，G[量]，G[二者之间]，G[点]，G[大]，G[小]}。

---

[1] 这些词基本上都是多义词，在词典中分立了多个义项。我们仅选取其中表"量度"的那个义项，即这些词的本义（一般是第一个义项），其他的属于引申义。

（二）{高，低／矮}

【高₁】从下向上距离大；离地面远（跟"低"相对）：～楼大厦 | 这里地势很～。

【低₁】从下向上距离小；离地面近（跟"高"相对）：～空 | 飞机～飞绕场一周 | 水位降～了。

【矮】①身材短：～个儿。②高度小的：～墙 | ～凳儿。③（级别、地位）低：他在学校里比我～一级。

分析：先看"高"和"低"。这对词没有指明表述对象，对象的属性维度是"从下到上的距离"，属性值是"大"或"小"。据此可得到如下基元：G[距离]、G[方向]、G[下]、G[上]、G[大]、G[小]。跟G[二者之间]类似，G[方向]也是一个变量基元，G[上]和G[下]是它的赋值基元，可表示为Gs[方向（下，上）]。

再看"矮"。词典给出了三个义项，其中义项2实际上等于"低₁"，义项1在义项2的基础上指明了表述对象"人的身材"。我们认为，其实这两个义项可以归并，共同理解为"人的身材或其他物体的高度小"，实际上即指一切对象，因此可进一步理解为"一切有形对象的高度小"，亦即相当于没有指明特定对象。词典为什么要这样解释呢？我们联系"低1"来看就明白了。"低1"虽然没指明对象，但事实上在自然语言中是不能指"人的身材"的。由此可见"矮"比"低1"语义范围更大。义项3在义项2的基础上指明了对象"级别"、"地位"。据此可提取"矮"的对象基元：G[人]、Gs[身材]、Gs[级别]、Gs[地位]。其中"身材"、"级别"、"地位"不是最小词义单位，还可以进一步分解，此处先以基元簇符号Gs[]标示之，留待工程的其他部分进一步处理（以下类同）。

合并起来，得到子类（二）的基元集：{G[距离]，G[量]，G[方向]，G[下]，G[上]，G[大]，G[小]，G[人]，Gs[身材]，Gs[级别]，Gs[地位]}。

（三）{宽，窄}

【宽₁】横的距离大；范围广（跟"窄"相对）：～肩膀 | 这条马路很～ | 老保管为集体想得周到，管得～。

【窄₁】横的距离小（跟"宽"相对）：狭～ | 路～ | ～胡同。

分析：没有指明表述对象，对象的属性维度包括"横的距离"和"范围"，属性值是"大"和"小"。"范围广"和"范围大"同义，故"广"不用提取。

由此得到子类（三）的基元集：{G[距离]，G[量]，G[方向]，G[横向]，G[范围]，G[大]，G[小]}。

（四）{ 厚，薄 }

【厚₁】扁平物上下两面之间的距离大（跟"薄"相对）：～木板｜～棉衣。

【薄₁】扁平物上下两面之间的距离小（跟"厚"相对）：～板｜～被｜～片｜这种纸很～。

分析：对象为"扁平物"，对象属性维度为"上下两面之间的距离"，属性值为"大"或"小"。

从这对词在自然语言中的实际用例来看，我们认为词典对它们的释义不够精确，缩小了它们实际的词义范围。

其一，用"厚"和"薄"表述的对象，不一定是扁平物。我们从北京大学 CCL 现代汉语语料库中检索到诸多用例，如：

[1] 平原地区即使积雪很厚，也不致有雪崩出现。

[2]1958 年 7 月 1 日发现并定名的"七·一"冰川，为大陆沉积冰川最厚部位 120 米。

[3] 原来那里冰雪一直很厚，由于近年地球气温渐暖，直至今年冰雪才全部融化。

[4] 记者摸了摸它的后背，毛很厚、有点硬。

[5] 皮毛厚而软，是珍贵的毛皮。

这些例句中，"厚"所的表述的对象分别为"积雪"、"冰川"、"冰雪"、"毛"、"皮毛"，都不是"扁平物"，而是很多相同物体积聚而成的集合体，可称为"积聚物"。这些词跟"薄"也可以搭配。这说明《现代汉语词典》释义中所限定的"扁平物"欠妥。

其二，两面之间的距离不一定是"上下两面"。再看 CCL 语料库中的例句：

[6] 他把城墙修得又高又厚，把从百姓那里搜刮得来的金银财宝和粮食都贮藏在那里。

[7] 它的墙壁很厚，并有塔楼和尖尖的山形墙。

[8] 门很厚，很结实，木头外面包裹着铁皮，中间却被穿了个奇怪的洞。

[9] 姨妈的家，冬天门前挂着很厚的门帘，窗前也挂着很厚的窗帘，地上铺着双层地毯。

这些例句里面的"城墙"、"墙壁"、"门"、"窗帘"、"门帘"等物体，正常情况下都是垂直建设或安装的，何谈"上下两面"？所有的这些词也可以跟"薄"搭配。由此可见，《现代汉语词典》释义中所限定的"上下两面"也欠妥。实际上"厚"、"薄"指的是物体"相对的两面"的距离大或小，只要这两个面是相对的，跟物体置放的方向无关。

根据以上分析，我们得到子类（四）的基元集：{G[距离]，G[方向]，G[面]，G[上]，G[大]，G[小]，G[物体]，[形状]，Gs[扁平]，Gs[聚集]}。

（五）{深，浅}

【深₁】从上到下或从外到里的距离大（跟"浅"相对）：～耕 | ～山 | 这院子很～。

【浅₁】从上到下或从外到里的距离小（跟"深"相对）：水～ | 屋子的进深～。

分析：没有指明对象，对象属性维度为"从上到下的距离"或"从外到里的距离"，属性值为"大"或"小"。则子类（五）的基元集为：{G[距离]，G[量]，G[方向]，G[下]，G[上]，G[外]，G[里]，G[大]，G[小]}。

（六）{粗，细}

【粗₁】（条状物）横剖面较大（跟"细"相对）：～纱 | 这棵树很～。

【细₁】（条状物）横剖面小（跟"粗"相对）：～铅丝 | 她们纺的线又～又匀。

分析：对象为"条状物"，对象属性维度为"横剖面"，属性值为"大"或"小"。这里的"横剖面"实际上是指"横向剖面的面积"。

由此得到子类（六）的基元集：{Gs[面积]，G[量]，G[物体]，[形状]，Gs[条状]，Gs[剖面]，G[方向]，G[横向]，G[大]，G[小]}。

（七）{重，轻}

【重₂】重量大；比重大（跟"轻"相对）：体积相等时，铁比木头～ | 工作很～ | 脚步儿很～ | 话说得太～了。

【轻₁】重量小；比重小（跟"重"相对）：油比水～，所以油浮在水面上。

分析：没有指明特定对象，对象属性维度为"重量"或"比重"，属性值为"大"或"小"。

由此得到子类（七）的基元集：{Gs[重量]，Gs[比重]，G[量]，G[大]，G[小]}。

（八）{远，近}

【远₁】空间或时间的距离长（跟"近"相对）：～处｜路～｜广州离北京很～｜～古｜～景｜久～｜为时不～｜眼光要看得～。

【近₁】空间或时间距离短（跟"远"相对）：～郊｜～日｜～百年史｜靠～｜附～｜歌声由远而～｜现在离国庆节很～了。

分析：对象为"时间"或"空间"，对象属性维度为"距离"，属性值为"长"或"短"。"长"和"短"是前面已经分析过的，也可以作为基元簇参与词义结构描述。

子类（八）的基元集为：{G[时间]，G[空间]，G[距离]，G[量]，Gs[长]，Gs[短]}。

（九）{快，慢}

【快₁】速度高；走路、做事等费的时间短（跟"慢"相对）：～车｜～步｜多～好省｜他进步很～。

【慢₁】速度低；走路、做事等费的时间长（跟"快"相对）：～车｜～走｜～手～脚｜你走～一点儿，等着他。

分析：没有指明特定对象，对象属性维度为"速度"，属性值为"高"或"低"。这里的"高"和"低"并非我们前面分析的"高"、"低"的本义，而是引申义，因此它们不适合作为基元簇。可进一步分析为"速度的值大"、"速度的值小"。

这样得到子类（九）的基元集为：{G[速度]，G[值]，G[大]，G[小]}

（十）{贵，贱/便宜}

【贵₁】价格高；价值大（跟"贱"相对）：绸缎比棉布～｜春雨～如油。

【贱₁】（价钱）低（跟"贵"相对）：～卖｜～价。

【便宜₁】价钱低。

分析：没有特定对象，对象属性维度为"价格"、"价钱"或"价值"，属性值为"大"或"高"、"低"。这里"价钱"和"价格"是同义词[1]，则只保留"价格"作为基元。跟子类（九）的情况一样，这里"高"和"低"不适合作为基元簇，可解析为"价格的值（量）大"、"价格的值（量）小"。则子类（十）的基元集为 {G[价格]，G[价值]，G[量]，G[大]，G[小]}。

（十一）{ 多，少 }

【多₁】数量大（跟"少"或"寡"相对）：~年 | ~才~艺 | ~快好省 | 人~好办事。

【少₁】数量小（跟"多"相对）：~量 | ~见多怪。

分析：没有特定对象，对象属性维度为"数量"，属性值为"大"或"小"。这对词词义很简单，也可以作为基元使用。

子类（十一）的基元集为 {G[数量]，G[值]，G[大]，G[小]}。

将上述 11 个子集的基元归并起来，得到量度形容词的词义基元集如表 6-2 所示。

表 6-2　量度形容词词义基元库

义类基元	G[属性]、G[值]
对象基元	G[人]、G[物]、G[时间]、G[空间]
属性维度主基元	G[面积]、G[数量]、G[方向]、G[距离]、G[范围]、G[点]、G[面]、G[线]、G[截面]、G[速度]、G[重量]、G[价值]、G[价格]、Gs[身材]、Gs[级别]、Gs[地位]、Gs[比重]
属性维度限定基元	G[条状]、G[扁平]、Gs[聚集]、[形状]
属性值基元	G[量]、G[大]、G[小]
关系与方位	G[二者之间]、G[横]、G[上]、G[下]、G[里]、G[外]

三、量度形容词的词义基元结构形式化描述

利用量度形容词的词义基元结构方程式和基元库，我们可以对汉语中的 11 对量度形容词的词义基元结构进行详细描述。[2]

---

[1]　《现代汉语词典》解释为：<轻>价格：~公道。

[2]　本章仅列出它们的词义结构方程式。XML 代码见附录二。

$S_{长1}$ = [属性]@[值]@[[距离]%[二者之间 (点 , 点)]]:[量 (大)]#[[时间] ∨ [空间]]

$S_{短1}$ = [属性]@[值]@[[距离]%[二者之间 (点 , 点)]]:[量 (小)]#[[时间] ∨ [空间]]

$S_{高1}$ = [属性]@[值]@[[距离]%[方向 (下 , 上)]]:[量 (大)]

$S_{低1}$ = [属性]@[值]@[[距离]%[方向 (下 , 上)]]:[量 (小)]&[! 人]#[Gs[级别] ∨ Gs[地位]]

$S_{矮}$ = [属 性]@[值]@[[距 离]%[方 向 (上 , 下)]]:[量 (小)]#[Gs[[身材]%[人]] ∨ Gs[级别] ∨ Gs[地位]]

$S_{宽1}$ = [属性]@[值]@[[[距离]%[方向 (横向)]] ∨ [范围]]:[量 (大)]

$S_{窄1}$ = [属性]@[值]@[[[距离]%[方向 (横向)]] ∨ [范围]]:[量 (小)]

$S_{厚1}$ = [属性]@[值]@[[距离]%[二者之间 (面 , 面)]]:[量 (大)]#[[物体]%[形状 (Gs[扁平] ∨ Gs[积聚])]]

$S_{薄1}$ = [属性]@[值]@[[距离]%[二者之间 (面 , 面)]]:[量 (小)]#[[物体]%[形状 (Gs[扁平] ∨ Gs[积聚])]]

$S_{粗1}$ = [属性]@[值]@[[Gs[面积]%[Gs[剖面]%[方向 (横向)]]:[量 (大)]&[[物体]%[形状 (Gs[条状])]

$S_{细1}$ = [属性]@[值]@[[Gs[面积]%[Gs[剖面]%[方向 (横向)]]:[量 (小)]&[[物体]%[形状 (Gs[条状])]

$S_{深1}$ = [属性]@[值]@[[距离]%[方向 (上 , 下) ∨ (外 , 里)]]:[量 (大)]

$S_{浅1}$ = [属性]@[值]@[[距离]%[方向 (上 , 下) ∨ (外 , 里)]]:[量 (小)]

$S_{远1}$ = [属性]@[值]@[距离]:[量 (大)]#[[时间] ∨ [空间]]

$S_{近1}$ = [属性]@[值]@[距离]:[量 (小)]#[[时间] ∨ [空间]]

$S_{快1}$ = [属性]@[值]@[速度]:[量 (大)]

$S_{慢1}$ = [属性]@[值]@[速度]:[量 (小)]

$S_{贵1}$ = [属性]@[值]@[[价格] ∨ [价值]]:[量 (大)]

$S_{贱1}$ = [属性]@[值]@[[价格] ∨ [价值]]:[量 (小)]

$S_{便宜1}$ = [属性]@[值]@[价格]:[量 (小)]

$S_{多1}$=[属性]@[值]@[数量]:[量（大）]

$S_{少1}$=[属性]@[值]@[数量]:[量（小）]

本章参考文献：

[1] 陈一 . 形动组合的选择性与形容词的下位分类 [J]. 求是学刊，1993（2）.

[2] 黎锦熙 . 新著国语文法 [M]. 北京：商务印书馆，1992.

[3] 李敏 . 形容词下位分类研究述评 [J]. 烟台师范学院学报（哲学社会科学版），2002（9）.

[4] 李宇明 . 汉语量范畴研究 [M]. 武汉：华中师范大学出版社，2000.

[5] 陆俭明 . 说量度形容词 [J]. 语言教学与研究，1989（3）.

[6] 吕叔湘，饶长溶 . 试论非谓形容词 [J]. 中国语文，1981（2）.

[7] 吕叔湘，朱德熙 . 语法修辞讲话 [M]. 北京：中国青年出版社，1952.

[8] 马建忠 . 马氏文通 [M]. 北京：商务印书馆，1983.

[9] 朴镇秀 . 现代汉语形容词的量研究 [D]. 复旦大学博士论文，2009.

[10] 邵炳军 . 现代汉语形容词通论 [M]. 兰州：甘肃教育出版社，1999.

[11] 石毓智 . 形容词的数量特征及其对句法行为的影响 [J]. 世界汉语教学，2003（2）.

[12] 王力 . 中国现代语法 [M]. 北京：商务印书馆，1985.

[13] 杨仁宽 . 试论非定形容词 [J]. 语言研究，1985（2）.

[14] 叶长荫 . 试论能谓形容词 [J]. 北方论丛，1984（3）.

[15] 张寿康 . 关于汉语构词法 [A]. 张志公 . 语法和语法教学 [C]. 北京：人民教育出版社，1956.

[16] 张志公 . 汉语知识 [M]. 北京：人民教育出版社，1959.

[17] 朱德熙 . 现代汉语形容词研究 [J]. 语言研究，1956（1）.

[18] 朱德熙 . 语法讲义 [M]. 北京：商务印书馆，1982.

后　记

本书是教育部人文社会科学研究青年基金项目"汉语词网的语义知识表达策略及其形式化描写技术研究"（09YJC740060）的最终成果。

我 2004 年进入武汉大学语言与信息研究中心攻读博士学位，开始接触自然语言处理，师从萧国政教授。博士毕业后，进入武汉大学计算机科学与技术博士后流动站，师从何炎祥教授继续自然语言处理的学习与研究。博士后出站走向新的工作岗位以来，主要从事语言工程和翻译技术领域的教学与科研工作。

10 年来的学习与研究经历，让我深刻体会到大规模词汇语义知识库建设对自然语言处理技术的重要价值。

作为自然语言分析与理解的基础，尤其是在基于统计的语言处理技术日渐盛行的今天，语言资源堪称整个自然语言处理理论与技术阵营的奠基石。国内外语言学、计算语言学、人工智能等领域的学者都十分重视语言资源的建设，开发了很多优秀的成果，为自然语言处理做出了杰出的贡献。在这些林林总总的优秀资源中，大规模的词汇语义知识库却屈指可数。语义是自然语言中最难处理的问题之一，建设高质量的语义资源不但需要创新的理论探索，更需要人工分析和标注海量的语料，工作量巨大，因此开发词汇语义知识库绝非一日之功。

自从我进入自然语言处理的研究领域伊始，就力图为汉语的词汇语义知识库建设尽一点绵薄之力。10 年以来，我和我所在的团队一直在这条艰辛而充满诱惑的道路上刻苦探索，努力前行。2009 年获得教育部基金项目的支持后，我更是一刻也未敢懈怠，项目的最终成果数易其稿。2011 年我在博士论文的基础上修改而成《概念变体及其形式化描写》一书，由中国社会科学出版社出版，这是我的第一部关于词汇语义资源建设的专著。当时原本打算以该书作为本项目的最终结题成果，后权衡再三，终因该书偏重理论探讨，离项目设定的实践目标尚有一定距离，而放弃了这一计划，选择继续深入研究。2012 年我完成了博士后出站报告，也曾打算以此为基础修改成书。我在反复修改的过程中，又有了很多新的思路，最终发现因研究目标的差异，报告的写作思路和体系还是差强人意。几经斟酌，我再一次选择了放弃，而根据研究中的新发现，重新构建框架体系，最终完成了这本小书。

本书最终能得以付梓，得益于我在武汉大学求学过程中两位导师悉心指导下所打下的学术基础，也离不开武汉大学文学院、计算机学院、外语学院多位师长的教诲以及我的同学们和研究团队其他成员的帮助。

作为本书的第一位读者，中南财经政法大学冯曼博士在百忙之中认真通读、仔细校对了全书，并提出了很多建设性的修改意见。

世界图书出版公司学术出版中心宋焱编辑以高度敬业的精神为本书的顺利出版做了大量认真而细致的工作。

本项目的申请依托单位、湖北科技学院（原咸宁学院）科研处的领导为项目的研究和本书的出版提供了全力的支持与帮助。网络中心工程师黎亚雄为项目设计了语料标注平台。

对所有这些教导和帮助过我的师长、领导、同事、同学、亲友，在此一并致以诚挚的谢意。感谢我的家人多年来对我工作的默默支持。

十年弹指一挥间。在这一系列的研究过程中，我深感汉语的博大精深，汉语词汇语义资源建设工程就是一座取之不尽、挖之不竭的学术宝库。因此在写作本书的过程中，我将多年思考所得而未能在以前的研究和本书中囊括进去的思想加以梳理后申请了国家社科基金 2014 年度项目。值得欣慰的是,正在本书杀青之际传来佳音,我所申请的课题获得批准立项。这既是对我多年研究工作的肯定,更是一种鼓励和鞭策,激励我在自然语言处理这条充满荆棘与鲜花的崎岖道路上继续前进。且行且珍惜。

是为记。

胡 惮

甲午马年仲夏记于桂乡寓所

附录一 语义分类树部分节点表

01 人

  0101 自然人

    010101 年龄

      01010101 老年

      01010102 中年

      01010103 壮年

      01010104 青年

      01010105 少年

      01010106 儿童

      01010107 婴儿

    010102 性别

      01010201 男人

      01010202 女人

    010103 体貌

      01010301 体态

      01010302 容貌

    010104 健康

      01010304 病人

```
                    <head>距离</head>
                        <%>方向(横向)</%>
                </attribute>
                <attribute>范围</attribute>
                <attr_val>量(小) </attr_val>
        </sem_core>
    </word>
</set>
<set>
    <set_id>090404</set_id>
        <word>
            <lexicon>厚</lexicon>
            <lexi_id>1</lexi_id >
            <lexi_class>属性@值</lexi_class >
            <sem_core>
                <attribute>
                    <head>距离</head>
                    <%>二者之间(面,面)</%>
                </attribute>
                <attribute>范围</attribute>
                <attr_val>量(大) </attr_val>
            </sem_core>
            <object>
                <head>物体</head>
                <%>形状(Gs[扁平]∨Gs[积聚])</%>
            </object>
```

0102060101 姻亲

01020602 辈分

0102060201 长辈

0102060202 晚辈

0102060203 平辈

01020603 师生

01020604 敌友

01020605 乡邻

01020606 主客

01020607 同事

01020608 伙伴

010207 籍贯

010208 境况

02 物

0201 具体物

020103 生命体

02010301 动物

0201030101 鸟

0201030102 兽

0201030103 虫

0201030104 鱼

0201030105 爬行动物

02010302 植物

0201030201 花

0201030202 草

0201030203 树

0201030204 灌木

0201030205 藤蔓

0201030206 庄稼

    020103020601 五谷

    020103020602 蔬菜

    020103020603 水果

02010303 微生物

02010304 生命体附属物

    0201030401 生命体部件

    020103040101 动物组织器官

    020103040102 植物组织器官

        02010304010201 根

        02010304010202 枝

        02010304010203 茎

        02010304010204 叶

        02010304010205 花

        02010304010206 果

        02010304010207 种子

020104 生命体衍生物

020105 非生命体

    02010501 自然物

    0201050103 物体

    020105010301 天体

        02010501030101 星系

        02010501030102 星球

    020105010302 地理

02010501030201 陆地

    0201050103020101 山川

    0201050103020102 平原

    0201050103020103 高原

    0201050103020105 沙漠

    0201050103020105 丘陵

    0201050103020106 森林

02010501030202 水域

    0201050103020201 江河

    0201050103020202 湖泊

    0201050103020203 海洋

    0201050103020204 岛屿

    0201050103020204 沼泽

0201050104 物质

    020105010401 金

    020105010402 木

    020105010403 水

    020105010404 土

    020105010405 气

    020105010406 有机物

02010502 人造物

0201050201 生活资料

020105020101 衣

    02010502010101 衣服

    02010502010102 首饰

020105020102　食

020105020101　食物

020105020102　饮品

020105020103　住

020105020103 01　房屋建筑

020105020103 02　起居用品

020105020105　行

020105020105 01　路桥

020105020105 02　交通工具

0201050202　生产资料

020105020201　工具

020105020202　机械

020105020203　仪表

020105020203　材料

0201050203　文体器材

020105020301　文具

020105020302　玩具

020105020303　体育用品

0201050204　武器刑具

020105020401　武器

020105020401 01　冷兵器

020105020401 02　热兵器

020105020402　刑具

0201050205　医疗健康器物

020105020501　药品

020105020502　医疗器械

02010503 非生命体附属物

020106 超自然体

0202 抽象物

020201 精神活动

02020101 意识

0202010101 知觉

0202010102 感觉

0202010103 思维

02020102 情感

0202010201 喜

0202010202 怒

0202010203 哀

0202010203 乐

02020103 信息

0202010301 语言符号

0202010302 非语言符号

02020104 思想与精神产物

0202010401 政治体制

0202010402 法律制度

0202010403 宗教信仰

0202010404 文化艺术

0202010405 道德伦理

0202010406 学术思想

0202010407 科学技术

03 事

0301 事件

030101　事体

030103　事元

030103　事联

0302　现象

030201　生命现象

03020101　生

03020102　老

03020103　病

03020104　死

030202　物理现象

03020201　声

03020202　光

03020203　电

03020203　力

03020203　磁

030203　化学现象

030204　天气现象

03020401　风

03020402　雨

03020403　雷

03020404　电

03020405　自然灾害

0302040501　地震

0302040502　海啸

0302040503　火山

0302040504　洪水

0302040505 干旱

03020406 特殊天气现象

0302040601 彩虹

0302040602 海市蜃楼

030205 天文现象

03020501 日食

03020502 月食

03020503 极光

0303 活动

030301 生命活动

03030101 繁殖

03030102 生长

03030103 发育

030302 生活活动

03030201 衣

03030202 食

03030203 住

03030204 行

030303 经济活动

030304 文娱活动

030305 教育活动

030306 体育活动

030307 政治活动

030308 社会活动

030309 医疗活动

04 社群

0401 国家

0402 种群

0403 机构

0404 团体

0405 行政区划

05 时间

0501 量时

050101 时点

050102 时段

050103 时序

0502 述时

050201 节假日

06 空间

0601 方位指称

060101 近指

060102 远指

0602 方位

0603 处所

07 运动

0701 动作

0702 行为

0703 过程

08 状态

0802 人态

080201 生存状态

08020101 贫困

08020102 富裕

08020103 忙碌

08020104 清闲

08020105 幸福

08020106 不幸

0803 物态

080301 静态

080302 变化

0804 事态

080401 存现

080402 发展

080401 终结

09 性质

0901 物性

0902 人性

0903 事性

0904 值

10 数量

1001 数

1002 量

100201 定量

10020101 计量单位

10020102 量词

1002010201 个体量词

1002010202 集合量词

1002010203 容器量词

100202 概量

附录二 基于 XML 的词义基元结构形式化描述

adjSchema.xsd:

```xml
<Schema xmlns="urn:schemas-microsoft-com:xml-data"xmlns:dt="urn:schemas
-microsoft-com:datatypes">
        <ElementType name="set" content="eltOnly"/>
        <ElementType name="set_id" content="textOnly" dt:type="string"/>
        <ElementType name="lexicon" content="textOnly" dt:type="string"/>
        <ElementType name="lexi_id" content="textOnly" dt:type="int"/>
        <ElementType name="sem_core" content="textOnly" dt:type="string"/>
        <ElementType name="object" content="textOnly" dt:type="string"/>
        <ElementType name="attr_val" content="textOnly" dt:type="string"/>
        <ElementType name="attribute" content="textOnly" dt:type="string"/>
        <ElementType name="head" content="textOnly" dt:type="string"/>
        <ElementType name="#" content="eltOnly"/>
        <ElementType name="&" content="eltOnly"/>
        <ElementType name="%" content="eltOnly"/>
</Schema>
```

adj.xml

```xml
<?xml version="1.0" encoding="utf-8"?>
```

```
<synset xmlns="x-schema: adjSchema.xsd">
    <set>
        <set_id>090401</set_id>
            <word>
                <lexicon>长</lexicon>
                <lexi_id>1</lexi_id >
                <lexi_class>属性@值</lexi_class >
                <sem_core>
                    <attribute>
                        <head>距离</head>
                        <%>二者之间(点,点)</%>
                    </attribute>
                    <attr_val>量(大) </attr_val>
                </sem_core>
                <object>
                    <#>时间∨空间</#>
                </object>
            </word>
            <word>
                <lexicon>短</lexicon>
                <lexi_id>1</lexi_id >
                <lexi_class>属性@值</lexi_class >
                <sem_core>
                    <attribute>
                        <head>距离</head>
                        <%>二者之间(点,点)</%>
```

```
            </attribute>
                <attr_val>量(小) </attr_val>
        </sem_core>
        <object>
            <#>时间∨空间</#>
        </object>
    </word>
</set>
<set>
    <set_id>090402</set_id>
    <word>
        <lexicon>高</lexicon>
        <lexi_id>1</lexi_id >
        <lexi_class>属性@值</lexi_class >
        <sem_core>
            <attribute>
                <head>距离</head>
                <%>方向(下,上)</%>
            </attribute>
            <attr_val>量(大) </attr_val>
        </sem_core>
    </word>
    <word>
        <lexicon>低</lexicon>
        <lexi_id>1</lexi_id >
        <lexi_class>属性@值</lexi_class >
```

```
<sem_core>
    <attribute>
        <head>距离</head>
        <%>方向(下,上)</%>
    </attribute>
    <attr_val>量(小) </attr_val>
</sem_core>
<object>
    <&>!人</&>
    <#>Gs[级别]∨Gs[地位]</#>
</object>
</word>
<word>
    <lexicon>矮</lexicon>
    <lexi_class>属性@值</lexi_class >
    <sem_core>
        <attribute>
            <head>距离</head>
            <%>方向(下,上)</%>
        </attribute>
        <attr_val>量(小) </attr_val>
    </sem_core>
    <object>
        <#>Gs[级别]∨Gs[地位]</#>
        <#>
            <head>Gs[身材] </head>
```

```
                    <%>人</%>
                </#>
            </object>
        </word>
    </set>
    <set>
        <set_id>090403</set_id>
        <word>
            <lexicon>宽</lexicon>
            <lexi_id>1</lexi_id >
            <lexi_class>属性@值</lexi_class >
            <sem_core>
                <attribute>
                    <head>距离</head>
                    <%>方向(横向)</%>
                </attribute>
                <attribute>范围</attribute>
                <attr_val>量(大) </attr_val>
            </sem_core>
        </word>
        <word>
            <lexicon>窄</lexicon>
            <lexi_id>1</lexi_id >
            <lexi_class>属性@值</lexi_class >
            <sem_core>
                <attribute>
```

```
                        <head>距离</head>
                        <%>方向(横向)</%>
                    </attribute>
                    <attribute>范围</attribute>
                    <attr_val>量(小) </attr_val>
                </sem_core>
            </word>
        </set>
        <set>
            <set_id>090404</set_id>
                <word>
                    <lexicon>厚</lexicon>
                    <lexi_id>1</lexi_id >
                    <lexi_class>属性@值</lexi_class >
                    <sem_core>
                        <attribute>
                            <head>距离</head>
                            <%>二者之间(面,面)</%>
                        </attribute>
                        <attribute>范围</attribute>
                        <attr_val>量(大) </attr_val>
                    </sem_core>
                    <object>
                        <head>物体</head>
                        <%>形状(Gs[扁平]∨Gs[积聚])</%>
                    </object>
```

```
        </word>
        <word>
            <lexicon>薄</lexicon>
            <lexi_id>1</lexi_id >
            <lexi_class>属性@值</lexi_class >
            <sem_core>
                <attribute>
                    <head>距离</head>
                    <%>二者之间(面,面)</%>
                </attribute>
                <attribute>范围</attribute>
                <attr_val>量(小) </attr_val>
            </sem_core>
            <object>
                    <head>物体</head>
                    <%>形状(Gs[扁平]∨Gs[积聚]</%>
            </object>
        </word>
    </set>
    <set>
        <set_id>090405</set_id>
        <word>
            <lexicon>深</lexicon>
            <lexi_id>1</lexi_id >
            <lexi_class>属性@值</lexi_class >
            <sem_core>
```

```
                    <attribute>
                        <head>距离</head>
                        <%>方向(上,下)∨方向(外,里)</%>
                    </attribute>
                    <attr_val>量(大) </attr_val>
                </sem_core>
            </word>
            <word>
                <lexicon>浅</lexicon>
                <lexi_id>1</lexi_id >
                <lexi_class>属性@值</lexi_class >
                <sem_core>
                    <attribute>
                        <head>距离</head>
                        <%>方向(上,下)∨方向(外,里)</%>
                    </attribute>
                    <attr_val>量(小) </attr_val>
                </sem_core>
            </word>
        </set>
        <set>
            <set_id>090406</set_id>
                <word>
                    <lexicon>粗</lexicon>
                    <lexi_id>1</lexi_id >
                    <lexi_class>属性@值</lexi_class >
```

```
<sem_core>
    <attribute>
        <head>面积</head>
        <%>
            <head> Gs[剖面]</head>
            <%>方向(横向)</%>
        </%>
    </attribute>
    <attr_val>量(大) </attr_val>
</sem_core>
<object>
        <head>物体</head>
        <%>形状(Gs[条状]</%>
</object>
</word>
<word>
    <lexicon>细</lexicon>
    <lexi_id>1</lexi_id >
    <lexi_class>属性@值</lexi_class >
    <sem_core>
        <attribute>
            <head>面积</head>
            <%>
                <head> Gs[剖面]</head>
                <%>方向(横向)</%>
            </%>
```

```
            </attribute>
                <attr_val>量(小) </attr_val>
        </sem_core>
        <object>
                <head>物体</head>
                <%>形状(Gs[条状]</%>
        </object>
    </word>
</set>
<set>
    <set_id>090407</set_id>
        <word>
            <lexicon>重</lexicon>
            <lexi_id>2</lexi_id >
            <lexi_class>属性@值</lexi_class >
            <sem_core>
                <attribute> Gs[重量]∨[Gs[比重] </attribute>
                    <attr_val>量(大) </attr_val>
            </sem_core>
        </word>
        <word>
            <lexicon>轻</lexicon>
            <lexi_id>1</lexi_id >
            <lexi_class>属性@值</lexi_class >
            <sem_core>
                <attribute> Gs[重量]∨[Gs[比重] </attribute>
```

```
            <attr_val>量(小) </attr_val>
        </sem_core>
    </word>
</set>
<set>
    <set_id>090408</set_id>
    <word>
        <lexicon>远</lexicon>
        <lexi_id>1</lexi_id >
        <lexi_class>属性@值</lexi_class >
        <sem_core>
            <attribute>距离</attribute>
            <attr_val>量(大) </attr_val>
        </sem_core>
        <object>
                <#>[时间]∨[空间]</#>
        </object>
    </word>
    <word>
        <lexicon>近</lexicon>
        <lexi_id>1</lexi_id >
        <lexi_class>属性@值</lexi_class >
        <sem_core>
            <attribute>距离</attribute>
            <attr_val>量(小) </attr_val>
        </sem_core>
```

```
                    <object>
                            <#>时间∨空间</#>
                    </object>
                </word>
        </set>
        <set>
            <set_id>090409</set_id>
                <word>
                    <lexicon>快</lexicon>
                    <lexi_id>1</lexi_id >
                    <lexi_class>属性@值</lexi_class >
                    <sem_core>
                        <attribute>速度</attribute>
                        <attr_val>量(大) </attr_val>
                    </sem_core>
                </word>
                <word>
                    <lexicon>慢</lexicon>
                    <lexi_id>1</lexi_id >
                    <lexi_class>属性@值</lexi_class >
                    <sem_core>
                        <attribute>速度</attribute>
                        <attr_val>量(小) </attr_val>
                    </sem_core>
                </word>
        </set>
```

```
<set>
    <set_id>090410</set_id>
        <word>
            <lexicon>贵</lexicon>
            <lexi_id>1</lexi_id >
            <lexi_class>属性@值</lexi_class >
            <sem_core>
                <attribute>价格∨价值</attribute>
                <attr_val>量(大) </attr_val>
            </sem_core>
        </word>
        <word>
            <lexicon>贱</lexicon>
            <lexi_id>1</lexi_id >
            <lexi_class>属性@值</lexi_class >
            <sem_core>
                <attribute>价格∨价值 </attribute>
                <attr_val>量(小) </attr_val>
            </sem_core>
        </word>
        <word>
            <lexicon>便宜</lexicon>
            <lexi_id>1</lexi_id >
            <lexi_class>属性@值</lexi_class >
            <sem_core>
                <attribute>价格</attribute>
```

```
                <attr_val>量(小) </attr_val>
            </sem_core>
        </word>
    </set>
    <set>
        <set_id>090411</set_id>
        <word>
            <lexicon>多</lexicon>
            <lexi_id>1</lexi_id >
            <lexi_class>属性@值</lexi_class >
            <sem_core>
                <attribute>数量</attribute>
                <attr_val>量(大) </attr_val>
            </sem_core>
        </word>
        <word>
            <lexicon>少</lexicon>
            <lexi_id>1</lexi_id >
            <lexi_class>属性@值</lexi_class >
            <sem_core>
                <attribute>数量</attribute>
                <attr_val>量(小) </attr_val>
            </sem_core>
        </word>
    </set>
```